Führungstechniken

Thomas Daigeler
Franz Hölzl
Nadja Raslan

7. Auflage

HAUFE.

Inhalt

Teil 1: Praxiswissen

Hinweis: Aus Gründen der besseren Lesbarkeit wird bei Personenbezeichnungen und personenbezogenen Hauptwörtern in diesem Buch das generische Maskulinum verwendet. Entsprechende Begriffe gelten im Sinne der Gleichbehandlung grundsätzlich für alle Geschlechter. Die verkürzte Sprachform hat nur redaktionelle Gründe und beinhaltet keinerlei Wertung.

Vorwort

Führungskräfte stehen zunehmend unter Druck: Sie müssen anspruchsvolle Unternehmensziele in einem immer härteren Wettbewerb realisieren. Dabei setzt sich die Erkenntnis durch, dass Ergebnis- und Mitarbeiterorientierung nicht in Konkurrenz zueinander stehen. Vielmehr sind qualifizierte und verantwortungsbewusste Mitarbeiter die Voraussetzung und die wichtigste Ressource, um langfristig in einem immer engeren Markt bestehen zu können.

In der Praxis zeigt sich die Qualität der Mitarbeiterführung in einer professionellen Anwendung der Führungstechniken. Deshalb sollten Sie diese Instrumente grundsätzlich kennen. Daneben ist es aber auch notwendig, diese Techniken vor dem Hintergrund eines modernen kooperativen Führungsverständnisses neu zu interpretieren und einzusetzen.

Der TaschenGuide »Führungstechniken« vermittelt Ihnen in kompakter und praxisnaher Form das entsprechende Wissen für Ihre erfolgreiche Führungspraxis.

Im zweiten Teil können Sie mittels zahlreicher Übungen für die Praxis trainieren.

Was ist Führung?

Führungskräfte sind heute mehr denn je Partner und weniger denn je Vorgesetzte ihrer Mitarbeiter.

In diesem Kapitel lesen Sie,

- welche Rolle Sie als Führungskraft spielen,
- welche Grundkompetenzen Sie als Führungskraft brauchen und
- was das moderne Führungsverständnis ausmacht.

Führung ist Bewältigung von Komplexität

Führung ist notwendig, damit ein Unternehmen seinen grundsätzlichen Auftrag, Gewinn zu erwirtschaften, verwirklichen kann. Sie legitimiert sich zunächst aus dieser ergebnisbezogenen Funktion. Die Unternehmensziele werden andererseits nur mithilfe der Mitarbeiter erreicht. Insofern orientiert Führung sich nicht allein an der Aufgabe, sondern immer auch an den Bedürfnissen und Anforderungen der Mitarbeiter.

Die hohe Aufmerksamkeit, die traditionell allein der Führungskraft galt, findet heute zunehmend ihr Gegengewicht in der Einbeziehung der Mitarbeiter. Diese Tendenz beruht auf der Erkenntnis, dass Organisationen ab einer bestimmten Komplexitätsstufe nicht mehr von einem Einzelnen allein geführt werden können.

Früher war es noch denkbar, dass der Chef eines Unternehmens alle Informationen und alles Fachwissen an sich zieht und auf diese Weise gute und sinnvolle Entscheidungen trifft. In der heutigen, durch Spezialisierung und Informationsflut geprägten Zeit ist dieser Weg für eine einzelne Führungskraft kaum noch gangbar. Führen wird immer mehr zu einer Aufgabe der Komplexitätsbewältigung, die nur erfüllt werden kann, wenn Mitarbeiter und Fachexperten einbezogen werden. Dies wirkt sich auf den Führungsstil genauso aus wie auf die notwendigen Führungskompetenzen, und auch die Führungstechniken müssen immer von Neuem überdacht werden.

> Führen heißt, andere Menschen zielgerichtet in einer formalen Organisation und unter konkreten Umweltbedingungen dazu zu bewegen, Aufgaben zu übernehmen und auszuführen, wobei menschliche Ansprüche wie gegenseitige Fairness und Offenheit gewahrt werden.
>
> (Nach Oswald Neuberger)

Welche Kompetenzen braucht die Führungskraft?

Sie sind angehende Führungskraft oder Sie führen bereits Mitarbeiter? Dann zeigt Ihnen folgende Übersicht, über welche Kompetenzen Sie verfügen sollten, um Ihre Aufgaben zu bewältigen.

Fachkompetenz

Zur Führungskraft wird man, weil man sich als Fachkraft hervorgetan hat. Insofern verfügen Führungskräfte natürlicherweise über Fachkompetenz. Diese ist allerdings keine Führungskompetenz im engeren Sinn, da sie sich nicht auf das Führen von Mitarbeitern bezieht. Je höher man in der Führungshierarchie aufsteigt, desto umfassender werden die Führungsaufgaben. Eine Gefahr liegt darin, die Fachaufgaben nicht in entsprechendem Umfang abzugeben, weil man sich in der vertrauten Rolle der Fachkraft sicherer fühlt als in der noch ungewohnten Rolle der Führungskraft. Richten Sie Ihre Aufmerksamkeit gezielt auf diejenigen Ergebnisse, die Sie mithilfe der im Folgenden beschriebenen spezifischen Führungskompetenzen erreichen.

Prozess- und Methodenkompetenz

Eine zentrale Führungsaufgabe besteht darin, die Tätigkeiten in einem Unternehmen auf ein bestimmtes Ziel auszurichten. Dazu brauchen Sie Methoden und Techniken zur Planung, Organisation und Steuerung. Es ist Ihre Aufgabe, Unternehmensziele in Teilziele zu untergliedern und diese mit den Zielen der Mitarbeiter in Einklang zu bringen. Entscheidungen müssen getroffen, Projekte initiiert und Ergebnisse kontrolliert werden. In diesem Kompetenzbereich geht es um aufgabenbezogene Führungstechniken.

Sozial-kommunikative Kompetenz

Ziele werden durch Mitarbeiter verwirklicht. Wollen Sie Mitarbeiter mit unterschiedlichen Charakteren und Fähigkeiten zu einem Team zusammenführen und auf ein gemeinsames Ziel ausrichten, so sind Ihr Einfühlungsvermögen, Ihr Kommunikationstalent und viele weitere Soft Skills gefordert. Anerkennung für geleistete Arbeit ist genauso wichtig wie konstruktive Kritik. Hier sind sowohl mitarbeiter- als auch teambezogene Führungstechniken gefragt.

Integrative Kompetenz

Kein Erfinder bringt heute sein Produkt allein auf den Markt. Die kreativen Köpfe müssen sich mit Technikern, Produktmanagern, Marketingfachleuten und vielen mehr zusammensetzen und abstimmen. Die Vernetzung von Fachleuten und Mitarbeitern ist angesagt. Ein Unternehmen ist in viele Subsysteme untergliedert, deren Zusammenwirken koordiniert werden muss. Von der Führungskraft wird heute erwartet, dass sie Brücken über unterschiedliche Arbeits- und Abteilungskulturen schlagen kann. Mit einer hohen integrativen Kraft soll sie Konflikte entschärfen und Verhandlungen als Win-win-Situation für beide Parteien führen.

Selbstkompetenz

Verabschieden Sie sich von der Hoffnung, als Führungskraft jemals wieder einen aufgeräumten Schreibtisch zu haben, vor dem Sie entspannt sitzen. Die Komplexität der Führungssituationen und die Kombination aus Fach- und Führungsverantwortung sorgen für einen permanent gefüllten Terminkalender. Doch klagen hilft nichts. Von außen wird keine Rettung kommen. Ein erfahrener Segler beschwert sich nicht darüber, woher der Wind kommt, sondern übernimmt die Verantwortung dafür, wie er die Segel setzt. Das bezeichnet man als Selbstkompetenz. Sie umfasst die Beherrschung von Methoden der persönlichen Arbeitsorganisation und des Zeitmanagements.

Die Selbstkompetenz steht auch im Mittelpunkt der anderen Führungskompetenzen. Nur wer seine eigenen Ziele und Wertigkeiten kennt, wird hinsichtlich der anderen oft konkurrierenden Führungsanforderungen die angemessenen Prioritäten setzen können.

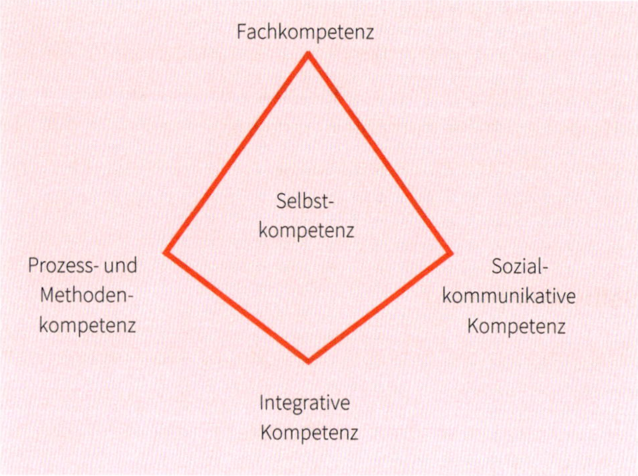

Die Elemente der Führungskompetenz

Die Führungskraft als Coach

Die autoritäre Führung hat ausgedient. Qualifizierte Mitarbeiter streben in ihrer Arbeit nach Selbstverwirklichung und wollen Verantwortung übernehmen. Was zunächst eher lästig wirkt, weil selbstständige Mitarbeiter leider zuweilen auch widerständige Mitarbeiter sind, ist auf den zweiten Blick ein Glücksfall. Denn genau auf diese hoch motivierten, verantwortungsbereiten Menschen sind Sie angewiesen, wenn Sie eine komplexe Organisation führen wollen. Delegation meint dann nicht nur die Anweisung einer Aufgabe, sondern die Übertragung von Verantwortung an einen Mitarbeiter, dessen Einsatzbereitschaft und Fähigkeiten Sie genau kennen.

Moderne Führung ist ein wechselseitiger Prozess zwischen Führendem und Geführten auf der Grundlage gegenseitigen Vertrauens.

Ein neues Führungsverständnis

Ihre neue Rolle als Führungskraft: Sie sind nicht nur Vorgesetzter, sondern vor allem interner Dienstleister, der seine Mitarbeiter unterstützt und fördert. Sie werden zum ersten Personalentwickler der Ihnen anvertrauten Mitarbeiter oder auf Neudeutsch: zu deren Coach. Die Zielerreichung ist Ihr sachlicher Auftrag als Führungskraft, Coaching bedeutet darüber hinaus den Einsatz von Methoden, die dazu dienen, das Ziel gemeinsam mit Ihren Mitarbeitern zu verwirklichen.

Der Coach ist im ursprünglichen Wortsinn der Kutscher eines Fuhrwerks. Heute verbindet man mit dem Begriff oft den Trainer im Sport, der sich auch um die mentale Verfassung der Sportler kümmert. Coaching beruht auf drei Einsichten:

- Das Engagement und die Kreativität der Mitarbeiter sind in Zeiten, in denen Produkte problemlos kopiert werden können, der entscheidende Wettbewerbsvorteil.
- Die Qualifizierung der Mitarbeiter muss über die Vermittlung von Fachwissen hinausgehen und die Vermittlung von Soft Skills wie Teamfähigkeit einbeziehen.
- Die Führung und Förderung der Mitarbeiter muss individualisiert werden, das heißt, jeder Mitarbeiter braucht eine seiner

Situation und seinen fachlichen und sozialen Fähigkeiten angemessene Führung.

Dieses neue Führungsverständnis zeigt sich nicht zuletzt in neuen Führungstechniken wie dem Mitarbeiter-Jahresgespräch, in dem die Bedürfnisse des Mitarbeiters und die Unternehmensziele aufeinander abgestimmt und Fördermaßnahmen erarbeitet werden.

Welche Haltungen zeichnen die Führungskraft aus?

Im Führungsalltag werden häufig Gelegenheiten versäumt, Mitarbeiter weiterzuentwickeln, das heißt, sie dabei anzuleiten, ihre fachlichen und sozialen Fähigkeiten zu verbessern und zu erweitern.

BEISPIEL: WAS MITARBEITERENTWICKLUNG NICHT IST

Der Mitarbeiter hat ein größeres Problem. In der Krise läuft er zum Chef mit dem Appell »Rette mich«. Der Vorgesetzte antwortet reflexartig vor dem Hintergrund seiner reichen Erfahrung und seiner Entscheidungsbefugnis, indem er eine Lösung präsentiert.

Doch was kurzfristig die Problemlösung beschleunigt, erweist sich langfristig als Nachteil: Der Mitarbeiter lernt nicht, selbst an der Lösung mitzuarbeiten, und er wird nicht dazu angeregt, seine eigenen Ressourcen und Fähigkeiten weiterzuentwickeln. Als Coach bleiben Sie deshalb Ihren Mitarbeitern in Situationen, die dies erlauben, schnelle Antworten schuldig. Vielmehr fordern Sie diese dazu auf, Verantwortung für die Situation zu übernehmen und das Problem eigenständig zu analysieren. Auf diese

Weise geben Sie ihnen die Möglichkeit, selbst nach Lösungen zu suchen.

BEISPIEL: SO COACHEN SIE IHREN MITARBEITER

Der Mitarbeiter kommt mit einem Problem zu Ihnen. Statt Ratschläge zu geben fördern Sie seine eigenen Problemlösefähigkeit mit folgenden Fragen: »Was haben Sie bisher zur Lösung des Problems unternommen? An welcher Stelle der Umsetzung scheitert Ihre eigentlich gute Idee? Was fehlt, um die Realisierung zu ermöglichen? Welche Unterstützung brauchen Sie von mir?«

Ein guter Coach sollte die folgenden, dem Selbstverständnis des traditionellen Vorgesetzten entgegenstehenden Verhaltensgrundsätze beachten:

- Der Coach (be-)lehrt nicht, sondern hilft zu lernen.
- Er nimmt eine aufmerksame und suchende Haltung ein und schenkt dem Mitarbeiter Freiraum, damit dieser sich unter seiner Anleitung mit dem Problem befassen kann.
- Er begegnet dem Mitarbeiter in der Haltung des »aktiven Zuhörens«, das heißt, er nimmt nicht nur die sachliche Information auf, sondern auch die Bedeutung, die die Sache für den Mitarbeiter hat.
- Er hält sich zurück und verzichtet auf schnelle Antworten. Stattdessen weist er mit Fragen den Weg zu einem tieferen Verständnis der Situation.
- Er verhält sich ziel- und lösungsorientiert.

Checkliste: Erste Orientierung über Ihre Coaching-Qualitäten		
	ja	nein
Ich bin neugierig auf die Sichtweisen und Meinungen meiner Mitarbeiter.		
Es fällt mir leicht, meine Lösungsideen zurückzuhalten und nicht für alles gleich einen Ratschlag parat zu haben.		
Ich kann gut zuhören und nehme auch die persönlichen, zwischen den Zeilen mitgeteilten Anliegen wahr.		
Ich kenne verschiedene Frageformen, um die geschilderte Situation zu konkretisieren und die Selbstreflexion des Mitarbeiters zu vertiefen.		
Probleme frustrieren mich nicht, da ich ein zielorientierter Mensch bin.		
Ich rege die Mitarbeiter an, sich Rückmeldung von anderen zu holen, um ihre persönlichen Kompetenzen zu entwickeln.		
Ich nehme selbst die Unterstützung durch andere gerne an.		

Grundlegende Führungstechniken

Ohne dass Sie Ihre Mitarbeiter nach objektiven Kriterien beurteilen und ihnen Ziele setzen, können Sie nicht erfolgreich führen.

Lesen Sie in diesem Kapitel, wie Sie

- die Arbeitsleistung Ihrer Mitarbeiter korrekt einschätzen,
- mit Ihren Mitarbeitern Ziele vereinbaren und
- das Mitarbeiter-Jahresgespräch richtig gestalten.

Mitarbeiter beurteilen

Auch wenn es manchmal unangenehm ist: Die Einschätzung der Arbeitsleistung und der Fähigkeiten der Mitarbeiter ist eine unumgängliche und immer wiederkehrende Aufgabe. Doch die Mühe lohnt sich, denn erst eine fundierte Beurteilung erlaubt Ihnen

- einen Austausch und Abgleich der gegenseitigen Vorstellungen und Erwartungen,
- eine detaillierte Rückmeldung über die erbrachte Arbeitsleistung,
- eine bedarfsgerechte, individuelle Personalentwicklung,
- qualifizierte und transparente Personalentscheidungen,
- einheitliche und vergleichbare Beurteilungen aller Mitarbeiter.

Was beurteilen Sie?

In der betrieblichen Praxis stehen drei Themenfelder im Mittelpunkt der Beurteilung:

- Arbeitsleistung: Hier geht es um die in der Vergangenheit erbrachte Leistung des Mitarbeiters. Die erreichten Ergebnisse können quantitativ und/oder qualitativ beschrieben werden.
- Kompetenzen und Arbeitsverhalten: Verfügt der Mitarbeiter über die fachlichen Fähigkeiten, um angemessene Leistungen zu erbringen? Mit welchen Verhaltensweisen und Einstel-

lungen erreicht er das Ziel? Passen diese zur Unternehmenskultur?

- Potenziale: Hier sollte sich die Führungskraft fragen, inwieweit der Mitarbeiter für Aufgaben jenseits seines momentanen Tätigkeitsbereichs geeignet ist. Unternehmensbedarf und Karriere werden aufeinander abgestimmt.

Wie gehen Sie vor?

Eine vollständige Beurteilung erfolgt in drei Schritten anhand einer Reihe von Hilfsmitteln.

Schritt	Hilfsmittel
Beobachten	▪ Notizen persönlicher Beobachtungen ▪ Checklisten
Beurteilen	▪ Stellenbeschreibung ▪ Anforderungsprofil ▪ Katalog mit Beurteilungskriterien
Besprechen	▪ Beurteilungsformular ▪ Checklisten

Schritt 1: Beobachten

Eigentlich selbstverständlich: Vor der Beurteilung steht die Beobachtung. In der Praxis fällen wir dennoch oft unser Urteil schon lange bevor wir uns bewusst gemacht haben, was wir eigentlich beobachtet haben.

Wahrnehmung ist immer subjektiv

Die Beurteilung wird in diesem Fall zu einem höchst subjektiven Vorgang, dessen Ergebnis der Mitarbeiter vorsichtshalber skeptisch betrachtet. Seien Sie also darauf bedacht, Beobachtungsfehler und -verzerrungen zu vermeiden, denn dies ist eine unabdingbare Voraussetzung für ein faires Beurteilungsgespräch. Unterscheiden Sie dazu bewusst zwischen den folgenden vier Vorgängen:

1. der Wahrnehmung an sich,
2. der Interpretation des Wahrgenommenen,
3. den dadurch ausgelösten Gefühlen und
4. der aus Ihren Wahrnehmungen und Gefühlen resultierenden Beurteilung.

> Jede Beobachtung, auch diejenige des Vorgesetzten, kann falsch sein.

Mögliche Beobachtungsfehler

Wahrnehmung ist immer ein selektiver Prozess, der streng genommen mehr über die Urteilsfähigkeit des Beobachtenden als über den Beurteilten selbst aussagt. Jede Beurteilung kann deshalb durch eine ganze Reihe von Beobachtungsfehlern verzerrt werden:

Fehler in der Informationsgewinnung:

- Vorschnelle Beurteilung ohne repräsentative Beobachtungen über einen längeren Zeitraum,
- durch subjektive Vorlieben geschönte oder selektierte Informationen mit denen man geheime Absichten verfolgt.

Persönlichkeitsbedingte Wahrnehmungsverzerrungen:

Viele Beurteilungsfehler haben mit der Persönlichkeit der Führungskraft zu tun. Hier einige der wichtigsten Verzerrungen, die sich ergeben, weil der Beobachtende quasi nicht anders kann:

- **Der nachsichtige Beurteiler** – Er liebt die Harmonie, schaut großzügig über Fehler hinweg und ist froh, wenn rechtfertigende Erklärungen des Mitarbeiters es ihm ersparen, Konsequenzen zu ziehen. Die Beurteilungen fallen zu positiv aus.
- **Der fordernd-strenge Beurteiler** – Das eigene rastlose Streben nach dem Idealzustand wird zum strengen Maßstab für die anderen. Herausragende Leistung ist der selbstverständliche Normalzustand. Die Beurteilungen sind zu streng.
- **Der vorsichtig-zurückhaltende Beurteiler** – Ihm fehlt der Mut, sich festzulegen und Unterschiede zwischen den Mitarbeitern offen auszusprechen. Seine Einschätzungen sind schwammig und ohne Profil.
- **Vorurteile** – Kein Mensch ist frei von Vorurteilen. In ihnen spiegeln sich unsere Lebenserfahrung und bestimmte Einstellungen wider, die sich in anderen Situationen bewährt haben. Wichtig ist, sich der eigenen Vorurteile bewusst zu werden.

Allgemeine Wahrnehmungsverzerrungen:

Nicht zuletzt die wichtigsten Verzerrungen, für die wir alle anfällig sind, unabhängig von unserer Persönlichkeit:

- **Überstrahlungseffekt** – Wir schließen von einem einzelnen, besonders auffälligen Charaktermerkmal auf das Gesamtbild des Mitarbeiters. Eine einmalige, als positiv oder negativ wahrgenommene Verhaltensweise überstrahlt alle neuen Wahrnehmungen.
- **Aktualitätseffekt** – Die noch frischen Erinnerungen aus der jüngeren Vergangenheit, ob gut oder schlecht, prägen den Gesamteindruck.
- **Sympathieeffekt** – Uns nahe stehende Menschen beurteilen wir oft entweder großzügig positiv oder im Gegensatz dazu negativ, wenn wir ihnen mehr zumuten als anderen und wenn wir höhere Erwartungen an sie stellen.
- **Hierarchieeffekt** – Mitarbeiter höherer Hierarchiestufen werden tendenziell aufgewertet. Titel und Status beschönigen die Wahrnehmung. Die Beurteilung orientiert sich an der bisherigen Karriere statt an konkreten Gegebenheiten.

Wie Sie Fehler vermeiden

Die obige Auflistung macht es deutlich: Es ist nicht leicht, die Verhaltensweisen Ihrer Mitarbeiter so wahrzunehmen, dass Sie damit die Grundlage für eine möglichst objektive Beurteilung schaffen. Einen Schritt in die richtige Richtung gehen Sie, wenn Sie sich die möglichen Wahrnehmungsverzerrungen bewusst machen und

Ihre Beobachtungen immer wieder anhand der Liste überprüfen. Wichtig ist natürlich auch Ihre Grundeinstellung: Empathie und Interesse sind in diesem Zusammenhang Soft Skills, die es Ihnen ermöglichen, sich auf Ihre Mitarbeiter besser einzustellen.

> Versuchen Sie, neugierig auf Ihre Mitarbeiter und offen für deren Sichtweisen zu sein. So vermeiden Sie vorschnelle Etikettierungen und Schubladendenken.

Schritt 2: Beurteilen

Zur Beurteilung gibt es eine Reihe verschiedener Verfahrensweisen, die jeweils ihre Vor- und Nachteile haben.

Freie Eindrucksschilderung

Rückmeldungen dieser Art berücksichtigen in hohem Maß die individuelle Situation des Mitarbeiters und fördern den offenen Dialog. Allerdings sollten Sie dazu über ausgeprägte rhetorische Fähigkeiten verfügen, weil die Darstellung Ihres Eindrucks sonst oberflächlich oder verletzend ausfallen kann. Ungeeignet sind sie für Gehaltsabstimmungen und Personalentscheidungen, da sie keine Vergleiche erlauben und einen eher subjektiven Charakter haben.

Standardisierte Beurteilung

Bei diesem am häufigsten verwendeten Beurteilungssystem sind die Beurteilungskriterien und die Bewertungsstufen vorgegeben. Viele Unternehmen benutzen dafür klar strukturierte Beurteilungsformulare. Die Kriterien bezeichnen meist persönliche Eigenschaften des Mitarbeiters, die anhand einer vorgegebenen

Skala mit üblicherweise fünf bis sieben Abstufungen benotet werden. Voraussetzung des Verfahrens ist die Wahl sinnvoller Beurteilungskriterien. Die Vorteile: Die Ergebnisse sind besser vergleichbar und der Prozess ist standardisiert. Nachteile sind, dass die Führungskraft dabei anfälliger ist für Beurteilungsfehler oder sich beim Gespräch auf die verlangten Beurteilungsmerkmale beschränkt. Nicht zuletzt besitzt die Note nur eine geringe Aussagekraft über die Person, was häufig zu Kränkungen des Beurteilten und selten zu Verbesserungen in der Zukunft führt.

BEISPIEL: NOTENSKALA ZUR MITARBEITERBEURTEILUNG

Kriterium Kontaktfähigkeit				
++	+	0	-	--
sehr gut	**gut**	**zufrieden-stellend**	**ausrei-chend**	**unzureichend**
Findet auch zu schwierigen Menschen leicht Kontakt		Unkompliziert im Kontakt, wird von anderen akzeptiert		Verhält sich zurückhaltend und ängstlich, wenig eigene Initiative

Rangordnungsverfahren

Die Mitarbeiter werden miteinander verglichen und zum Beispiel anhand ihrer jeweiligen Leistung in eine Reihenfolge gebracht. Diese Vorgehensweise erweist sich als sehr zuverlässig, schürt aber das Konkurrenzdenken. Sie sollte deshalb nur ergänzend zu anderen Verfahren angewendet werden.

Zielorientierte Verfahren

Mitarbeiter sollen vorher wissen und mitbestimmen können, woran sie später gemessen werden. Dies geschieht, indem die Führungskraft und der Mitarbeiter sich in einem Gespräch darauf verständigen, welche Ziele bis zu einem bestimmten Zeitpunkt erreicht sein sollen. Die Ziele bilden also die Grundlage für ein Gespräch über wichtige Arbeitsinhalte und zugleich den Maßstab der Beurteilung. Dieses Verfahren, das Führen mit Zielen, hat den Vorteil, dass Erfordernisse der aktuellen Arbeitssituation und die individuellen Bedürfnisse und Fähigkeiten des Mitarbeiters in besonderem Maße berücksichtigt werden können.

Beurteilungskriterien

Zur Beurteilung Ihrer Mitarbeiter gibt es eine ganze Reihe von Kriterien.

Beurteilungskriterien	
Leistung	▪ Arbeitsmenge ▪ Arbeitsqualität ▪ Arbeitseffizienz ▪ Belastbarkeit ▪ Flexibilität
Fachkompetenz	▪ Fachwissen ▪ Kostenbewusstsein
Methodenkompetenz	▪ Organisationsgeschick
Soziale Kompetenz	▪ Durchsetzungsvermögen ▪ Kommunikationsfähigkeit ▪ Teamfähigkeit ▪ Konfliktfähigkeit ▪ Führungskompetenz

Beurteilungskriterien	
Selbstkompetenz	▪ Eigeninitiative ▪ Entscheidungsfreude ▪ Zielorientierung ▪ Verantwortungsbereitschaft ▪ Lernfähigkeit ▪ Kreativität ▪ Überblick ▪ Engagement

Die Auswahl der Beurteilungskriterien sollte immer vor dem Hintergrund der Anforderungen des konkreten Arbeitsplatzes erfolgen: Welche Aufgaben stehen an, welche Arbeitsergebnisse sind gewünscht, welche Fachkompetenzen und Verhaltensweisen notwendig? Wählen Sie die für die Tätigkeit Ihrer Mitarbeiter wichtigsten Kriterien und beschränken Sie deren Zahl auf ein Dutzend, damit Sie die Übersicht behalten.

Im Bereich der Soft Skills werden oft persönliche Eigenschaften formuliert, die streng genommen nur ein psychologisch Fachkundiger gerecht beurteilt kann. Beschreiben Sie im Zweifelsfall die in der Zusammenarbeit konkret beobachtbaren Verhaltensweisen. Diese sind aussagefähiger und weniger etikettierend.

BEISPIEL: BEURTEILUNG VON SOFT SKILLS

Eigenschaft: »Frau Natz ist konfliktfähig.«

Verhaltensbeschreibung: »Frau Natz klärt die Beschwerden der Kunden über einen Kollegen im direkten Kontakt. In Streitfällen nimmt Sie eine vermittelnde Position ein.«

Schritt 3: Die Beurteilung besprechen

Der Beurteilte steht dem Beurteilungsgespräch oft skeptisch gegenüber und verhält sich reserviert. Dem liegen Gefühle des Ausgeliefertseins zugrunde: Was denkt der Vorgesetzte über ihn? In welche Schublade wird er eingeordnet? Wird der Vorgesetzte bereit sein, die Sicht des Mitarbeiters einzubeziehen? Mit welchen Konsequenzen ist zu rechnen?

Hinzu kommt, dass Mitarbeiter von ihren Vorgesetzen abhängig sind. Deshalb haben nur wenige den Mut, dem Vorgesetzten freimütig zu sagen, ob sie sein Urteil für richtig oder falsch halten.

Auch für Sie als Führungskraft ist ein Beurteilungsgespräch nicht immer leicht, denn es verlangt eine Sensibilität im Umgang mit dem Mitarbeiter, die im Alltag wenig eingeübt ist. Deshalb ist es nachvollziehbar, dass Beurteilungsgespräche oft in enger Anlehnung an ein Beurteilungsformular stattfinden, das eine sichere Struktur vorgibt.

Die Gefahr eines solchen Formulars besteht darin, dass Sie es wie eine Checkliste abhaken, nur die vorgegebenen Themen ansprechen und sich auf die Vergabe der Bewertungsnoten konzentrieren. Die Arbeitsleistung, die Bereitschaft zur Zusammenarbeit und die Motivation des Mitarbeiters werden dadurch selten verbessert. Wie Sie detailliert bei einem solchen Gespräch vorgehen, das in der Praxis oft das Mitarbeiter-Jahresgespräch ist, können Sie im gleichnamigen Unterkapitel lesen.

Checkliste: Beobachtung und Beurteilung

- Trennen Sie zwischen Beobachtung und Beurteilung.
- Vermeiden Sie die vorschnelle Bewertung Ihrer Beobachtungen.
- Beurteilen Sie Ihren Mitarbeiter erst endgültig im Gespräch mit ihm.
- Das Verhalten und die Leistung des Mitarbeiters hängen von wechselnden Umfeldbedingungen ab. Deshalb sollten Sie diese in die Beurteilung mit einbeziehen.
- Bei der Sammlung der Beobachtungen den Bezug zur Stellenbeschreibung und zum Anforderungsprofil herstellen.
- Betrachten Sie schon bei der Beobachtung die Persönlichkeit des Mitarbeiters nicht als Eigenart, sondern als Bereicherung Ihres Teams.
- Richten Sie das Augenmerk auf konkrete Verhaltensweisen in der Zusammenarbeit, weniger auf Charaktereigenschaften.
- Beobachten Sie in kritischen Situationen über einen längeren Zeitraum.
- Schreiben Sie zur Versachlichung Stichworte auf.
- Hauptsache, die Hauptsache bleibt die Hauptsache! Lassen Sie bedeutungslose Pannen und Gerüchte außer Acht.
- Wie würden Sie das Verhalten des Mitarbeiters beurteilen, säße ein anderer aus Ihrem Team an dessen Stelle?
- Vermeiden Sie verletzende Vergleiche. In Vergleichen zu denken, eröffnet neue Sichtweisen, sie auszusprechen, verletzt.
- Wie können Sie Ihren Mitarbeiter in fachlicher und persönlicher Hinsicht fördern?

Führen mit Zielen

Jede Organisation ist ihren grundsätzlichen Unternehmenszielen verpflichtet. Erfolgreiche Führungskräfte verstehen es, ihre Mitarbeiter für diesen übergeordneten, unternehmerischen Auftrag zu gewinnen. Jede Organisation ist aber auch ihren Mitarbeitern verpflichtet. Produkte kann man kopieren, Mitarbeiter nicht. Sie sind einzigartige Ressourcen, die mit ihrem Engagement unter dynamischen Umfeldbedingungen notwendige Veränderungen anregen und umsetzen. Wollen Sie wirksam führen, sollten Sie deshalb einem Thema größte Aufmerksamkeit schenken: Sie müssen die übergreifenden wirtschaftlichen Ziele des Unternehmens mit den persönlichen Zielen und Potenzialen der Mitarbeiter abgleichen.

Die Grundidee

Die bestechende Idee des Führens mit Zielen (gebräuchlich ist auch der Begriff »Management by Objectives«, MbO) besteht darin, die zwei grundlegenden Führungsdimensionen, nämlich die Ergebnis- und die Mitarbeiterorientierung, miteinander zu verbinden. Dazu stellen Sie nicht die konkreten Aufgaben in den Mittelpunkt, sondern die übergeordneten Ziele, die Sie mit Ihren Mitarbeitern vereinbaren. Die Mitarbeiter erhalten dadurch mehr Verantwortung und Handlungsspielraum für die konkreten Maßnahmen zur Umsetzung der Ziele. Der große Nutzen für das Unternehmen ist, dass die Motivation der Mitarbeiter steigt und sie mehr Eigeninitiative entwickeln. Aus Mitarbeitern werden Mitunternehmer, die in der Art und Weise der Aufgabenerfüllung relativ frei agieren und im Gegenzug an der Zielerreichung gemessen werden.

> Ein Ziel ist ein in der Zukunft liegender, erstrebenswerter Zustand.

Ziele sind notwendig,

- um Wichtiges von Unwichtigem unterscheiden und Prioritäten setzen zu können,
- um Aktivitäten in Gang zu bringen und zu koordinieren,
- um Lösungen und Ergebnisse beurteilen zu können,
- um Eigenverantwortung und Selbststeuerung zu ermöglichen,
- um Mitarbeiter zu motivieren und für den Unternehmensauftrag zu sensibilisieren.

Ziele richtig formulieren

Eine gelungene Zielformulierung trägt wesentlich zum Erfolg des Führens mit Zielen bei. Nur wenn ein Ziel in einer messbaren Größe ausgedrückt ist, lässt sich eindeutig entscheiden, inwieweit es erreicht wurde. Ein prägnant formuliertes Ziel ermöglicht Ihnen die Kontrolle des Arbeitsergebnisses und die Beurteilung einer etwaigen Soll-Ist-Abweichung. Achten Sie darauf, dass Sie die Ziele, für die Sie die Verantwortung tragen, im Einklang mit der SMART-Formel formulieren:

s = spezifisch
m = messbar
a = anspruchsvoll, attraktiv, allein erreichbar
r = realistisch
t = terminiert

- Spezifisch
  bedeutet, den Inhalt so konkret und gleichzeitig so knapp wie möglich zu formulieren. Vorsicht: Beschreiben Sie nicht Aufgaben!
- Die Messbarkeit
  verlangt, dass Sie eindeutige quantitative oder qualitative Kriterien verwenden, anhand derer Sie den Grad der Zielerreichung prüfen können.
- Ein anspruchsvolles Ziel
  spornt den Mitarbeiter an und weckt die in ihm verborgenen Potenziale. Bedenken Sie aber auch, dass ein Ziel demotivierend wirkt, das trotzt aller Anstrengung nicht erreichbar ist, weil es schlicht und einfach zu hoch gesteckt ist. Der Mitarbeiter sollte – trotz äußerer Einflüsse und auch dann, wenn er mit anderen im Team arbeitet – den Grad der Zielerreichung maßgeblich allein beeinflussen können, zumindest im ersten Schritt. Anderenfalls kann er schwerlich für Zielverfehlungen zur Verantwortung gezogen werden.
- Realistisch
  steht für die prinzipielle Erreichbarkeit des Ziels. Stellen Sie sicher, dass Ihrem Mitarbeiter die für die Umsetzung des Zieles notwendigen Ressourcen zur Verfügung stehen.
- Terminiert
  verlangt die Nennung einen Zeitpunktes, zu dem der gewünschte Endzustand spätestens eingetreten sein soll. Begnügen Sie sich nicht mit der Vorgabe eines Zeitraums, son-

dern halten Sie ein konkretes Datum fest. So vereinfachen Sie sich und Ihrem Mitarbeiter die Kontrolle.

Ein weiterer, wichtiger Punkt bei der Zielformulierung ist: Formulieren Sie die Ziele so, als wäre der gewünschte Zustand bereits eingetreten. Sie werden dadurch griffiger und leichter kontrollierbarer. Und nicht zuletzt: Motivierende Ziele sind immer attraktiv, das heißt positiv formuliert.

BEISPIELE: SMART ODER NICHT?

Falsch	Richtig
»Die Kunden sollen nicht mehr so lange auf die Zustellung warten …« → unattraktive Problembeschreibung	»Die Ware trifft spätestens drei Tage nach der Bestellung beim Kunden ein.« → motivierende Beschreibung des gewünschten und messbaren Ergebnisses
»Die Produktivität im Werk Ottobrunn soll in nächster Zeit deutlich steigen.« → unspezifisch, nicht terminiert, nicht messbar	»Die Produktivität in der Herstellung der Produktlinie Z im Werk Ottobrunn ist bis zum 1. März 20XX bei gleichem Personaleinsatz um 7 Prozent gestiegen.« → spezifisch, terminiert, messbar
»Das Neukundengeschäft sollte bis zum 1. März 20XX um 10 Prozent wachsen.« → abstrakt, nicht unmittelbar messbar	»Bis zum 1. März 20XX hat Herr Rabus sieben Neukunden gewonnen.« → an einen konkreten Adressaten gerichtet, leicht messbar

Die Zielkaskade

Das Führen mit Zielen beginnt mit der bewussten Ausrichtung aller Aktivitäten auf übergeordnete Ziele. Aus der Unternehmensvision, dem Auftrag und den Werten werden zunächst die grundsätzlichen Unternehmensziele abgeleitet. Diese wiederum bilden den Ausgangspunkt für eine Zielkaskade: Für jeden Unternehmensbereich und jede Führungsebene werden in absteigender Folge untergeordnete Ziele bestimmt, bis hinunter auf die Ebene des einzelnen Mitarbeiters. Die mit diesem vereinbarten operativen Ziele stecken seinen Verantwortungsbereich ab, legen fest, was er zu den übergeordneten Zielen beitragen soll und geben seinem Handeln Richtung.

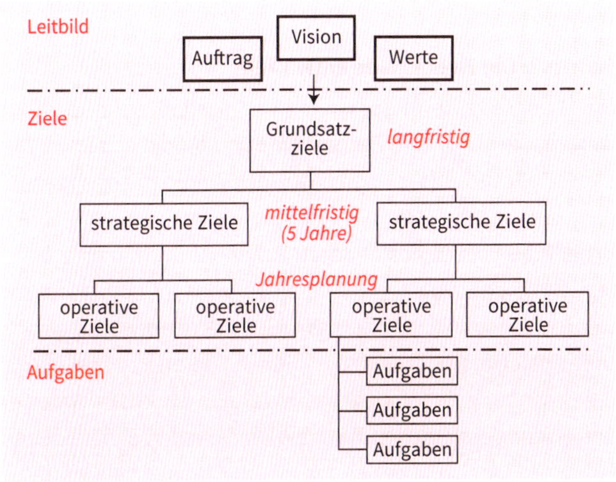

Die Zielkaskade

Schritt 1: Die Grundsatzziele klären

Um Mitarbeiter zielorientiert zu führen, müssen zunächst auf Geschäftsleitungsebene ein paar wenige Grundsatzziele formuliert werden, die den übergeordneten Gestaltungsauftrag für alle Mitarbeiter zum Ausdruck bringen. Typische Fragestellungen können hierzu sein:

- Welche Vision und welchen Auftrag verfolgen wir?
- Was erwarten unsere Kunden und die Anteilseigner von uns?
- Welches sind die wesentlichen Erfolgsfaktoren des Unternehmens?
- Aber auch: Welche Anreize für die Zielerreichung können wir bieten?

Schritt 2: Die Zielkaskade entwickeln

Die Grundsatzziele müssen nun in konkretere Ziele überführt werden, die für kürzere Zeithorizonte und für die einzelnen Verantwortungsbereiche entsprechend der Führungsebenen gelten.

In der Praxis hat es sich bewährt, aus den Grundsatzzielen strategische Ziele abzuleiten, die innerhalb von fünf Jahren erreicht werden können. Eine Führungskultur, die Verantwortung nach unten delegieren will, wird die mittlere Führungsebene, die für die Umsetzung dieser Ziele verantwortlich ist, in die Strategieentwicklung einbeziehen, da das Wissen der dort angesiedelten Führungskräfte und Spezialisten die Qualität der Ziele erhöht.

Anschließend werden aus den strategischen Zielen operative Ziele abgeleitet, die im Zeitraum von maximal einem Jahr erreichbar sind. Denken Sie dabei in konkreten Ergebnissen, an denen Sie und Ihre Mitarbeiter gemessen werden können.

Die Basis der Zielkaskade bilden schließlich einzelne Aufgabenpakete, die nach Maßgabe der operativen Ziele gebildet wurden.

Die Kaskade folgt nicht nur der zeitlichen Dimension, sondern auch der Hierarchie der einzelnen Unternehmenseinheiten. Das bedeutet, dass die Unternehmensziele nach Bereichs-, Abteilungs-, Team- und schließlich individuellen Mitarbeiterzielen untergliedert werden. Grundlage hierfür sind die Funktions- und Stellenbeschreibungen.

Bei der Ausarbeitung der Zielpyramide »mischen« sich die Zielvorgaben von oben mit den Ideen der jeweils angesprochenen Bereiche und Abteilungen. Die übergeordneten Ziele sind hierbei normierende Rahmenbedingungen, innerhalb derer jede Führungsebene passende Teilziele formuliert, die sie für den eigenen Verantwortungsbereich durch weitere, mit den einzelnen Mitarbeitern abgestimmte Ziele ergänzt.

BEISPIEL: ZIELKASKADE

Grundsätzliches Unternehmensziel: »Im Rahmen der Kapazitätserweiterung wird eine neue Filiale in Rumänien eröffnet.«

Strategisches Ziel: Bereich Liegenschaften: »Bis zum Termin X liegen Expertisen zu drei möglichen Standorten in Rumänien vor.«

Operatives Ziel: »Bis zum Termin Y hat Frau Roth zusammengestellt, welche Voraussetzungen im Bereich der Infrastruktur für unseren Standort gewährleistet sein müssen.«

Aufgabe: Welche Waren müssen in welcher Anzahl mit welchen Transportmitteln zur neuen Filiale transportiert werden?

> Unterscheiden Sie Ziele von Aufgaben! Mitarbeiter denken tätigkeitsorientiert und nennen Ihnen deswegen meistens Aufgaben, nicht Ziele.

Überprüfen Sie die Zielformulierung daraufhin mit der Frage: Hat der Mitarbeiter den erstrebenswerten Zustand (Ziel) oder eine Aufgabe auf dem Weg zum Ziel formuliert?

BEISPIEL

Die schnellere Auslieferung der Bestellungen an die Kunden ist der angezielte Zustand; die Anschaffung eines zusätzlichen Fahrzeugs ist die zu erledigende Aufgabe.

Schritt 3: Die Ziele kommunizieren

Führungskräfte sind oft der Meinung, es genüge, wenn die Mitarbeiter wissen, was sie tun sollen. Selbstverantwortlich arbeitende Mitarbeiter wollen demgegenüber wissen, wozu eine Aufgabe notwendig ist. Dies ist die Frage nach dem Sinn und dem Ziel ihrer Arbeit. Zielvereinbarungen sind umso wirksamer, je mehr Sie Ihre Mitarbeiter einbeziehen.

Legen Sie deshalb nicht zu viel Wert auf die formale Ausgestaltung des Zielvereinbarungssystems. Entscheidender für den Unternehmenserfolg ist die offene Diskussion zwischen den Hierarchiestufen darüber, welche Ziele wichtig und strategisch notwendig sind. Erst durch Kommunikation gewährleisten Sie eine reibungslose Verbindung zwischen individuellen Zielen und Unternehmenszielen (siehe nächstes Unterkapitel »Das Mitarbeiter-Jahresgespräch«).

Welches Instrument ist für Sie das richtige?

Beide Führungstechniken – Zielvereinbarung und Beurteilung – dienen dazu, die Aktivitäten der Mitarbeiter auf die Unternehmensziele auszurichten. Sie haben viele Berührungspunkte, gleichzeitig unterscheiden sie sich in der Praxis hinsichtlich des zugrunde liegenden Führungsstils. Hierarchisch geprägte Organisationen, die in stabilen Märkten agieren, neigen zu Beurteilungssystemen. Unternehmen in einem schnelllebigen Umfeld, das eine hohe Flexibilität und Selbstständigkeit der Mitarbeiter erfordert, setzen stärker auf die Zielvereinbarung. Die folgende, etwas polarisierende Gegenüberstellung hilft Ihnen, den Schwerpunkt auf das zu Ihrer Führungssituation passende Instrument zu legen.

Beurteilung versus Zielvereinbarung

Beurteilung	Zielvereinbarung
vergangenheitsorientiert	zukunftsorientiert
Subjektive Beurteilungen werden festgeschrieben und führen zu objektiven personalwirtschaftlichen Konsequenzen.	Subjektive Einschätzungen über zukünftige Ziele werden abgeglichen und das gegenseitige Verständnis und die Zusammenarbeit gefördert.
Beurteilt werden neben der Leistung persönliche Eigenschaften.	Beurteilt werden die Zielerreichung und die Verhaltensweisen in der Zusammenarbeit, die dazu geführt haben.
Führung ist standardisiert und zentralisiert.	Führung ist individualisiert und dezentralisiert.
Die Führungskraft ist Kontrolleur.	Die Führungskraft ist Personalentwickler.
hoher bürokratischer Aufwand	relativ formlos
in Personalakte dokumentiert	weitgehend vertraulich

Das Mitarbeiter-Jahresgespräch

Dieses zyklisch wiederkehrende Führungsinstrument kombiniert die Notwendigkeit der Beurteilung mit den Vorteilen der Zielvereinbarung. Es ist eines der wichtigsten Instrumente eines kooperativen Führungsstils, insofern durch das Gespräch eine kontinuierliche Verständigung zwischen Führungskraft und Mitarbeiter auf sachlicher und persönlicher Ebene in Gang gesetzt wird.

Im Unterschied zu klassischen Beurteilungssystemen geht es im Jahresgespräch vor allem um Folgendes: Die Führungskraft und der Mitarbeiter versuchen im Gespräch ihre unterschiedlichen Einschätzungen und Ziele zu verstehen und zu verhandeln. Deshalb ist das Gespräch geprägt von der Suche nach einem gemeinsamen Verständnis der Arbeitssituationen und es verfolgt den Zweck, die Zukunft einvernehmlich zu gestalten.

Sinn und Nutzen des Jahresgesprächs

Das Anliegen des Mitarbeitergesprächs hängt eng zusammen mit der Situation von Unternehmen und Mitarbeitern in heutigen Zeiten des schnellen Wandels: Wird ein Mitarbeiter neu eingestellt, gleichen Personalverantwortliche immer den Bedarf des Unternehmens mit dessen Fähigkeiten ab. Mittlerweile genügt dieser einmalige Abgleich jedoch nicht mehr, denn mit den Umfeldbedingungen verändern sich auch das vom Unternehmen benötigte Fachwissen und die Produkte ständig.

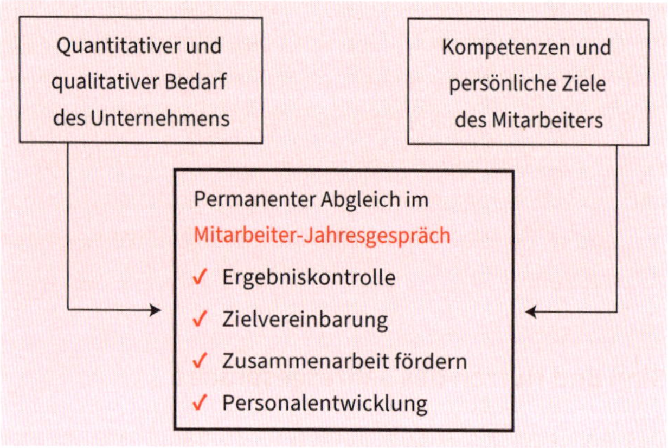

Auf der Mitarbeiterseite veraltet die Fachkompetenz in immer kürzeren Zyklen und das Bedürfnis nach Selbstverwirklichung wächst. An die Zusammenarbeit werden immer höhere Anforderungen inhaltlicher und menschlicher Art gestellt. Mitarbeiter und Führungskraft können komplexe Arbeitsabläufe nur bewältigen, wenn sie offen und mitdenkend kommunizieren. Sich kennen und verstehen sorgt für eine konstruktive Zusammenarbeit, in der Mitarbeiter zu Mitunternehmern werden können.

Gegen die Einführung von Mitarbeiter-Jahresgesprächen wird oft argumentiert, man habe im Alltag eine gute und ausreichende Gesprächskultur. Beide Gesprächssituationen verfolgen aber bei genauerem Hinsehen unterschiedliche Zwecke:

Alltagskommunikation	MA-Jahresgespräch
▪ problemorientiert ▪ operativ, gegenwartsbezogen ▪ kurzfristig reagierend ▪ sachliche Information im Vordergrund	▪ zielorientiert ▪ strategisch, zukunftsbezogen ▪ vorbereitet, strukturiert ▪ persönliche Bedeutung der Sache und subjektive Sichtweisen im Vordergrund

Das sollten Sie besprechen

Im Mitarbeiter-Jahresgespräch sollten Sie im Wesentlichen drei Themenbereiche ansprechen (siehe Tabelle). Halten Sie gemeinsam Rückschau und tauschen Sie dabei Ihre Beobachtungen und Einschätzungen zu den Themen aus. Im Anschluss formulieren Sie dann im Sinn der Vorausschau mit dem Mitarbeiter die Ziele für das kommende Jahr. Die gemeinsame Einschätzung der Zielerreichung geschieht entweder unterjährig unmittelbar nach der Umsetzung oder am Beginn des folgenden Jahresgesprächs.

Themenbereich	Beispiele für Gesprächsthemen
Arbeitssituation	Aufgaben, Verantwortung
Arbeitsleistung	Ergebnisse, Qualität
Arbeitsverhalten	Zuverlässigkeit
Zusammenarbeit	soziale Verhaltensweisen
Fachkompetenzen und Entwicklung des Mitarbeiters	fachliche Interessen, Potenziale, Weiterqualifizierung

Rahmenbedingungen des Gesprächs

Grundsätzlich gilt für dieses Führungsinstrument: Halten Sie die Ausgestaltung möglichst einfach. Eine Überfrachtung mit Formularen und schriftlich zu beantwortenden Fragen blockiert den direkten Austausch zwischen Ihnen und Ihrem Mitarbeiter. Je vertraulicher das Gespräch ist, umso offener wird er seine Standpunkte einbringen. Rückmeldungen an die Personalabteilung oder den Vorgesetzten sollten Sie auf ein Minimum beschränken. Notwendig sind im Grunde nur zwei Mitteilungen an die Personalabteilung, und zwar

- dass das Gespräch geführt wurde – schließlich ist es Teil der Führungskultur des Unternehmens,
- über die Maßnahmen zur Personalentwicklung, die Sie für notwendig halten.

Eckpunkte des Mitarbeiter-Jahresgesprächs

Wer?	der direkte Vorgesetzte mit dem direkt unterstellten Mitarbeiter, eventuell unter Einbezug des Betriebsrats (BetrVG § 82,2)
Initiative	Vorgesetzter oder (bei Problemen mit der Zielerreichung) Mitarbeiter
Wie oft und wann?	Einmal jährlich plus zwischenzeitliche Rückmeldungen zur Zielerreichung; meistens für alle Mitarbeiter gebündelt zum Geschäftsjahreswechsel
Wie lange?	erfahrungsgemäß ein bis zwei Stunden plus Vor-/Nachbereitung
Wo?	neutraler, von Störungen abgeschirmter Raum

Vorbereitung	14 Tage vorher ankündigen; Beobachtungen und Zielvorstellungen sammeln; Information über die strategischen Unternehmensziele einholen
Hilfsmittel	betriebsinterne Formulare; Stellenbeschreibung; Anforderungsprofil; persönliche Notizen
Rückmeldung	je nach Ausgestaltung, möglichst vertraulich

Gesprächsführung

Unsere Phantasien übereinander sind dramatischer als die Wirklichkeit. Vertiefen Sie den Kontakt und das gegenseitige Verständnis, indem Sie konkrete Ereignisse betrachten und Ihre Sichtweise dazu austauschen, Hintergründe beleuchten und Lösungen gemeinsam aushandeln. Deshalb gilt als wichtigste Haltung: Zeigen Sie, dass Sie neugierig darauf sind, die Dinge mit den Augen Ihres Mitarbeiters wahrzunehmen.

> Als Faustregel gilt: Zwei Drittel der Gesprächsanteile liegen beim Mitarbeiter. Geben Sie ihm nach der Nennung des Themas das erste Wort, andernfalls richtet er sich automatisch an Ihrer Sichtweise aus.

Gestalten Sie die Gesprächsatmosphäre

Sie sind der Vorgesetzte. Deshalb liegt die Verantwortung für die Atmosphäre und den Rahmen des Gesprächs bei Ihnen. Zeigen Sie sich vorbildhaft interessiert an den Erfahrungen und Bedürfnissen des Mitarbeiters. Sorgen Sie für eine ungestörte Umgebung und ausreichend Zeit, um Themen in Ruhe vertiefen zu können. Geben Sie dem Mitarbeiter Orientierung über den

Ablauf und die anstehenden Themen und beginnen Sie das Gespräch mit einer ehrlichen Würdigung der Zusammenarbeit.

Wer fragt, der führt

Sind Sie als Vorgesetzter eines eigenverantwortlich handelnden Mitarbeiters in der Alltagskommunikation vorwiegend in der Position des Antwortenden, so müssen Sie sich im Jahresgespräch umstellen. Geben Sie dem Mitarbeiter mit Ihren Fragen Raum zur Vertiefung seiner Themen, anstatt ihm gleich Ihre eigene Meinung mitzuteilen.

Die wichtigste Art von Fragen ist die offene Frage, denn durch sie wird der Mitarbeiter zu einem kreativen Suchprozess angeregt.

BEISPIEL: GESCHLOSSENE VERSUS OFFENE FRAGE

Geschlossene Frage: »Verfügen Sie über die notwendigen Arbeitsmittel?« Der Mitarbeiter antwortet kurz mit »Ja« oder »Nein«.

Offene Frage: »Mit welchen zusätzlichen Arbeitsmitteln könnten Sie den Arbeitsprozess XY vereinfachen?« Der Mitarbeiter wird zum Nachdenken über eigene Vorschläge angeregt, es entwickelt sich ein Dialog.

Aktives Zuhören

Natürlich haben Sie viel Erfahrung, die im operativen Tagesgeschäft schnelle Problemlösungen ermöglicht. Dieser Reichtum verführt Sie möglicherweise zu langen Monologen auf der Sachebene. Um dieser Gefahr zu begegnen, sollten Sie die wichtigste Regel im Jahresgespräch befolgen: Hören Sie zu! Denn wer zuhört,

- regt den Gesprächspartner zum Nachdenken an,
- erkennt Missverständnisse frühzeitig,
- lernt neue Meinungen und Sichtweisen kennen,
- kann über Standpunkte konstruktiv verhandeln,
- kann Lösungen einvernehmlich erarbeiten.

Aktives Zuhören im engeren Sinn bezieht sich, anders als das Zuhören im Alltagsgeschäft, nicht allein auf die mitgeteilte Sachinformation. Hinzu tritt vielmehr der Wille, auch die tiefere persönliche Bedeutung zu verstehen, die die Sache für den Mitteilenden hat. Bedenken Sie jedoch, dass Sie damit das Gehörte bereits interpretieren. Bringen Sie deshalb das, was Sie zwischen den Zeilen herausgehört haben, nicht als Feststellung ein, sondern als Deutung, über die Sie sich mit Ihrem Gegenüber austauschen möchten.

BEISPIEL: DIE QUALITÄT DES ZUHÖRENS

Mitarbeiter: »Jetzt habe ich lange auf das Jahresgespräch mit Ihnen warten müssen.«

Antwort A: »Ja, aber Sie wissen doch, ich war mit dem Projekt beschäftigt.« → Das ist kein wirkliches Zuhören, hier wird nur das eigene Handeln gerechtfertigt.

Antwort B: »Stimmt, es hat drei Wochen gedauert.« → Diese Antwort signalisiert: Die Sachinformation wurde aufgenommen.

Antwort C: »Sie sind anscheinend enttäuscht, vielleicht auch verärgert, dass ich unseren Termin zwei Mal verschoben habe.« → Diese Antwort zeigt dem Mitarbeiter, dass die Führungskraft die Sachinformation und ihre Bedeutung aus dessen Sicht aufgenommen hat.

> Vorsicht: Eine Antwort, die mit »Ja, ich verstehe, aber …« beginnt, ist nur der Auftakt zur eigenen Meinungsäußerung und hat mit Zuhören meist nichts zu tun.

Checkliste: So gestalten Sie Mitarbeiter-Jahresgespräche richtig	
	✓
Vorbereitung	
Ankündigung des Gesprächsdurchgangs auf Abteilungsebene	
14 Tage vorher: Vereinbarung der Termine und intensive Vorbereitung	
Durchführung	
Eröffnung: Atmosphäre schaffen, wertschätzenden Kontakt anbieten	
Rückschau: Gab es Veränderungen der Aufgabenbeschreibung?	
Abgleich der Einschätzungen bezüglich der drei grundsätzlichen Themenbereiche, würdigend-kritische Bilanzierung	
Zielerreichung: In welchem Ausmaß wurden die im Vorjahr vereinbarten Ziele erreicht?	
Vorschau: Weiterbildungsbedarf besprechen, Ziele diskutieren, vereinbaren und schriftlich formulieren	
Abschluss: Die vereinbarte Zukunft kurz zusammenfassen, Wertschätzung vermitteln	
Nachbereitung	
Dokumentation der Zielvereinbarungen und Fördermaßnahmen	
im Bedarfsfall unterjährige Zielerreichungsgespräche	

Aufgabenorientierte Führungstechniken

Die Ziele Ihrer Mitarbeiter sind klar. Gute Voraussetzungen also, um die Arbeit anzupacken. Im komplexen Führungsalltag müssen Sie eine Reihe von aufgabenorientierten Instrumenten anwenden.

In diesem Kapitel erfahren Sie, wie Sie

- Entscheidungen angemessen treffen,
- Projekte realistisch planen,
- Aufgaben richtig delegieren und
- Ergebnisse kontrollieren.

Entscheidungen sicher treffen

Warum braucht man Führungskräfte? Weil sich in vielen beruflichen Situationen Fragen auftun, für die es keine eindeutigen und »richtigen« Lösungen gibt. Die einfacheren Probleme lösen Mitarbeiter selbst. Bei den schwierigen Fragen sind mutige Führungskräfte gefordert, die die Verantwortung für Unwägbarkeiten und für die Folgen der Entscheidung übernehmen.

> Verabschieden Sie sich von der Vorstellung, »richtige« Entscheidungen treffen zu können. Die (Führungs-)Aufgabe lautet, mit vertretbarem Zeitaufwand und unter Abwägung von Informationsbedürfnis und Risikobereitschaft einen unklaren Zustand zu beenden, ohne die Zukunft vorhersehen zu können.

So vermeiden Sie typische Fehler

Wichtige Entscheidungen rasch treffen

Entscheiden heißt, dass Sie sich festlegen, auf alternative Handlungsmöglichkeiten verzichten und Konsequenzen tragen müssen. Wer sich nicht entscheiden kann oder nicht bereit ist, Risiken einzugehen, der schlägt oft indirekte Wege ein, indem er immer noch mehr Informationen sammelt. Neue Argumente werden gesucht und gefunden. Doch die Entscheidungssituation wird dadurch in der Regel nicht leichter. Im Gegenteil: Sie wird zunehmend unüberschaubar.

Eine andere elegante Art des Aufschiebens ist es, sich auf die unzählige Vielfalt der leicht zu lösenden Probleme zu stürzen und dann zu klagen, für die wirklich drängenden Entscheidungen keine Zeit zu haben.

> Wer sich zu lange bemüht, entscheidungsfähig zu werden, erhöht den Grad der Komplexität und wird schließlich unfähig zu entscheiden.

Entscheidungen nicht zu schnell treffen

Es gibt kaum Situationen, in denen Sie eine Entscheidung ohne Zeitdruck treffen können. Auf der anderen Seite müssen Sie jedoch aufpassen, dass Sie nichts überstürzen. Lassen Sie sich weder von vermeintlichen Notwendigkeiten noch von Ihren eigenen Macher-Qualitäten zu unüberlegten Entscheidungen verleiten.

Gefühl und Vernunft im Gleichgewicht

Entscheidungen aus dem Bauch heraus können wir in verführerisch kurzer Zeit fällen. Allerdings bezahlen wir dies mit dem Nachteil, keine bewusst nachvollziehbaren Kriterien nennen zu können, die für unsere Entscheidung sprechen. Gefühlsurteile werden von persönlichen Vorlieben bestimmt, die andere nicht zwangsläufig teilen. Analysieren Sie die Entscheidungsbedingungen sorgfältig, und vergessen Sie nie, auch rationale Argumente mit einzubeziehen.

Umgekehrt führt die einseitige Betonung der Vernunft oft dazu, dass zu viel Zeit verloren geht: Es werden zu viele Informationen beschafft und zu viele Diskussionen geführt, an deren Ende doch nur eine blutleere, wenig überzeugende Entscheidung steht, von der kein Mitarbeiter begeistert ist.

Entscheidungen nicht den Spezialisten überlassen

Der Gedanke ist für rational gestrickte Menschen verführerisch: Hätten wir nur genügend Fachwissen, dann gäbe es unwiderlegbare Begründungen, die für unsere bevorzugte Entscheidung sprechen, und wir gerieten auch in Zukunft nie in Rechtfertigungsnöte. Viele Gutachter verdienen damit ihr Geld.

Sich beraten zu lassen, ist in Ordnung. Widerstehen Sie aber der Versuchung, die Entscheidung den Experten zu überlassen. Spezialisten haben einen Tunnelblick. Sie neigen dazu, ihre persönlichen Vorlieben zur Wahrheit zu erklären, und sie tragen nicht die Verantwortung für die unternehmerischen Folgen der Entscheidung.

Was ist wesentlich?

Entscheidungen haben oft weit reichende Konsequenzen. Um auch alles mitbedacht zu haben, beziehen wir vorsichtshalber Randprobleme mit ein. Irgendwann verlieren wir den Überblick über all die Probleme, zumindest gibt es keine Lösung mehr für dieses Konglomerat aus ineinander verwobenen Schwierigkeiten.

Gehen Sie dieser Gefahr aus dem Weg. Strukturieren Sie die Ausgangssituation, identifizieren Sie Teilprobleme und definieren Sie die Kriterien, nach denen Sie die Probleme gewichten.

Welcher Entscheidungstyp sind Sie?

In der folgenden Typologie werden Sie nicht den idealen Entscheidungstypus finden. Sie gibt Ihnen eine erste Orientierung darüber, zu welchem Typ von Entscheidern Sie gehören. Weiter unten finden Sie dann Anregungen, wie Sie spezifische Hemmnisse überwinden können. Außerdem verdeutlicht sie, dass gute Entscheidungen auf der Kombination unterschiedlicher Einstellungen und Verhaltensweisen beruhen.

- **Der Charismatiker:** Er begeistert sich und andere für neue Ideen und Entscheidungswege. Entscheidungen fällt er eher aus dem Bauch heraus.
- **Der Rationalist:** Daten imponieren ihm. Für alles findet er das passende Gegenargument, was die Entscheidungsfindung oft sehr zäh macht.
- **Der Skeptiker und Kontrolleur:** Die Zukunft sieht er im Ungewissen, die Planungsdaten sind immer unzulänglich, und die Verantwortung lastet allein auf seinen Schultern. Schade, dass die zukünftigen Entwicklungen sich nicht vorhersehen und in ihren Auswirkungen beherrschen lassen.
- **Der Nachahmer:** Er scheut das Risiko und die Verantwortung. Aber Gott sei Dank gibt es ja andere, die ähnliche Fälle schon entschieden haben …

So treffen Sie besser Entscheidungen

Vernunft und Intuition abwägen

Kopf und Bauch schließen sich nicht aus, sondern ergänzen einander auf dem Weg zu einer tragfähigen Entscheidung. Mit der Vernunft erarbeiten wir uns den notwendigen Überblick, analysieren die Rahmenbedingungen, sammeln, prüfen und gewichten Argumente. Je komplexer ein Problem ist, desto wichtiger wird das Begreifen, Verstehen und Sortieren.

Die Intuition speist sich aus einer Vielzahl früherer Erfahrungen und Entscheidungssituationen, die wir im Gedächtnis gespeichert haben und die im Unterbewusstsein wirken. Deswegen führt uns unser Gefühl selten in die Irre, und es fällt den meisten Menschen schwer, sich gegen ihr Gefühl zu entscheiden. Versuchen Sie, das unbewusste Wissen, das Ihre Gefühle bestimmt, zu ergründen und in die Entscheidung einzubeziehen.

Bauchentscheidungen sind angesagt, wenn es um schnelle Entscheidungen mit absehbaren Folgen geht. Die Balance von Kopf und Bauch ist insbesondere bei strategischen Richtungsentscheidungen zu beachten.

Motive ergründen und Ziele definieren

Entscheidungen treffen wir aufgrund persönlicher Bedürfnisse und um bestimmte Ziele zu erreichen. Problematisch wird es schnell, wenn uns unsere Motive entweder gar nicht bewusst sind oder wenn wir diese bewusst verbergen, zum Beispiel weil sie vermutlich auf wenig Akzeptanz stoßen werden oder weil wir so in Gruppenentscheidungen besser taktieren können.

Die Diskrepanz zwischen den geheimen Motiven und den ausgesprochenen Zielen sorgt schnell für Ärger und Chaos in der Entscheidungsfindung von Gruppen. Abhilfe bietet ein strukturiertes Vorgehen, das alle an der Entscheidung Beteiligen zwingt, sich auf den Bedarf und die Ziele festzulegen. Auf diese Weise können Widersprüche oder unstimmige Argumente aufgedeckt und zurückgewiesen werden.

Risikobereitschaft und Informationsbedürfnis ausbalancieren

Jede Entscheidung birgt ein Risiko. Denn Entscheidungen treffen wir für eine Zukunft, die wir schwerlich voraussehen können. Der normale Umgang mit dieser Ungewissheit ist das Sammeln von möglichst vielen Daten aus der Vergangenheit, aus denen wir auf die Zukunft schließen. Je größer die Angst vor Fehlern ist, umso mehr Informationen wollen wir haben, um unsere Entscheidung abzusichern. Unabhängig davon kommt es ohnehin anders, als man denkt. Unsere Planung wird permanent vom Wandel überholt, und richtige Entscheidungen von heute erweisen sich unter neuen Bedingungen als falsch oder zumindest verbesserungsbedürftig.

Fokussieren Sie die Datensammlung auf Wesentliches. Verzichten Sie auf letztgültige Kriterien und Beweise für die richtige Entscheidung, denn es gibt sie nicht. Sinnvoller ist es, das verbleibende Risiko durch regelmäßige Kontrollen während der Umsetzung zu minimieren. Dazu gehört auch eine fehlerfreundliche Führungskultur, die es ermöglicht, Ist-Soll-Diskrepanzen schnell und angstfrei zu kommunizieren.

In fünf Schritten zur tragfähigen Entscheidung

1. **Definieren und analysieren Sie die Ausgangssituation:** Was soll eigentlich entschieden werden? Die kleinen Detailprobleme oder die grundsätzliche Frage? Geht es um eine kurzfristige Lösung oder eine langfristige Veränderung? Oft – gerade in Gruppen – laufen wir los, ohne die Ausgangssituation erfasst zu haben. Dabei gibt es keine allgemeingültige Regel, die angibt, wie detailliert ein Problem vor einer Entscheidung analysiert werden muss. Sie müssen das angemessene Maß zwischen Schnelligkeit und Gründlichkeit, Risiko und Sicherheit jeweils neu finden. Vermeiden Sie unterschwellige Vorentscheidungen während dieser Phase.
2. **Klären Sie Motive, Ziele und Bewertungskriterien:** Welche offensichtlichen und verborgenen Bedürfnisse bestimmen die Notwendigkeit der Entscheidung? Welches ist das für Sie erstrebenswerte Ziel? Mit welchen Kriterien können Sie die Zielerreichung messen? Welche Rahmenbedingungen gelten und sind eventuell »Killerkriterien« für bestimmte Lösungen? Ordnen Sie die Ziele nach Wichtigkeit und zeitlicher Reihenfolge.
3. **Entwickeln Sie mögliche Entscheidungsoptionen:** Sammeln Sie zunächst viele Entscheidungsalternativen. Je mehr

Möglichkeiten Sie haben, umso passgenauer wird die Entscheidung ausfallen. Vermeiden Sie dabei ein im Bewährten verhaftetes Denken und schnelle Polarisierungen. Erweitern Sie den Horizont Ihrer Suche nach Lösungen.

4. **Entscheiden Sie:** Erweist sich eine Option in allen Belangen als die beste, so fällt die Entscheidung leicht. Liegen die Bewertungen der Alternativen nahe beieinander, dann prüfen Sie ein letztes Mal Ihren Wissensstand und Ihr Gefühl und entscheiden Sie dann. Denken Sie stets daran: Es gibt keinen Propheten, der Ihnen mit einem Blick in die Zukunft das Restrisiko abnehmen könnte.
5. **Reflektieren Sie die (Zwischen-)Ergebnisse:** In der Rückschau auf die Entscheidung können Sie Ihre Entscheidungsfähigkeit insgesamt verbessern. Haben sich Ihre Einschätzungen und Prognosen bewährt? Lagen Sie mit Ihrer Intuition richtig? Können Sie mit den Folgen leben? Der Weg zum Ziel erfolgt als Umsetzungsprozess in vielen kleinen Zwischenschritten. Bringen Sie den Mut auf, die einmal getroffene Entscheidung bei Bedarf zu korrigieren.

Aufgaben und Projekte planen

Kritische Geister behaupten, Planung bedeute nichts anderes, als den Zufall durch den Irrtum zu ersetzen. Bekanntlich kommen ja die Dinge meistens ganz anders, als man denkt. Zum Teil stimmt das natürlich, denn gerade in unserer schnelllebigen Zeit werden die Grenzen der Planbarkeit offensichtlich.

Das Planungsparadox besagt: Je detaillierter Sie planen, umso wahrscheinlicher ist es, dass der Plan durch die sich laufend ändernden Umfeldbedingungen überholt wird. Andererseits gilt die Weisheit: Planung ist nicht alles, aber ohne Planung ist alles nichts. In die Praxis übersetzt heißt dies: Verstehen Sie Planung nicht als statischen, sondern als dynamischen Prozess. Die einzelnen Planungsschritte müssen an neue Erkenntnisse laufend angepasst werden.

> Investieren Sie Ihre Energie weniger in wasserdichte Pläne als vielmehr in die Bereitschaft Ihrer Mitarbeiter, ständig nachzujustieren, auch wenn das anstrengend ist.

Was bringen Pläne?

Planen heißt, das zukünftige Handeln zu durchdenken und festzulegen. Wer plant, der sucht den im Rahmen seiner Möglichkeiten kürzesten Weg zum Ziel und ist bestrebt, Umwege und Sackgassen vermeiden. Pläne helfen darüber hinaus, frühzeitig zu erkennen, wo es zu Abweichungen zwischen Ist- und Soll-Zustand kommt, um gegensteuern zu können.

Ein Plan weist also möglichst konkret aus, auf welchen Wegen, mit welchen Schritten und mit welchem Aufwand ein vorgegebenes Ziel erreicht werden kann. Die Definition der Ausgangssituation und des Ziels sind somit die Ausgangspunkte jeder Planung. Ziele sind vergleichbar mit Städten auf einer Landkarte. Pläne sind die Wege zu diesen Punkten.

Elemente und Schritte der Planung

1. **Definieren Sie den Auftrag:** Wer will was aufgrund welcher Probleme mit welchen Ressourcen unter welchen Rahmenbedingungen für welche Nutzer erreichen?
2. **Legen Sie die Ziele fest:** Erfolgreiche Pläne beruhen auf der Formulierung eindeutiger und für den Kreis der Betroffenen erstrebenswerter Ziele.
3. **Stellen Sie Einvernehmen über den Weg zum Ziel her:** In dieser Phase sind vielfältige Detailfragen zu klären. Anders als bei der Auftragsdefinition ist es deswegen notwendig, Fachexperten an der Suche nach möglichen Wegen zu beteiligen. Die Projektleitung hat in dieser Phase die Aufgabe, die Interessen des Auftraggebers einzubeziehen.
4. **Schnüren Sie Arbeitspakete:** Der Weg muss in einzelne Aufgaben untergliedert werden, die in einem sachlogischen Verhältnis zueinander stehen und später auf Teammitglieder mit entsprechenden Fähigkeiten aufgeteilt werden können.
5. **Schätzen Sie den Aufwand in der Plandurchführung:** Für jede Teilaufgabe sind der zeitliche Aufwand, die Kosten und die sonstigen benötigten Ressourcen zu schätzen.
6. **Planen Sie den Ablauf:** Die Teilaufgaben müssen in eine logische Reihenfolge gebracht werden. Jede Aufgabe ist mit einem Start- und einem Endtermin zu versehen. Wichtige Kontrollpunkte und Zwischenergebnisse werden als Meilensteine definiert.

7. **Begleiten Sie den Ablauf und greifen Sie, wenn nötig, steuernd ein:** Die Qualität des Plans wird anhand der Meilensteine laufend überprüft. Soll-Ist-Abweichungen und neue Erkenntnisse werden analysiert. Wenn nötig, wird der Weg angepasst.
8. **Kontrollieren Sie das Ergebnis:** Das erreichte Ergebnis wird am Soll-Zustand gemessen, der Prozess der Zielereichung wird reflektiert und mögliche Verbesserungen für zukünftige Planungen werden erörtert. Das Ergebnis wird gewürdigt.

> Formulieren Sie Meilensteine nicht als zukünftige Aufgabe, sondern als zum Zeitpunkt X bereits eingetretenen Zustand.

Verschiedene Pläne erleichtern die Arbeit

Bei komplexen Projekten ist es hilfreich, die Planung je nach Gegenstand in gesonderten Plänen zu dokumentieren:

Art des Plans	Inhalt
Projektstrukturplan	Was ist zu tun? Die Aufgabe wird in einzelne Bestandteile oder Tätigkeiten zerlegt.
Aufwandsplan	Welche Kosten, Zeiten, Sachmittel und Personen sind bereitzustellen?
Ablaufplan	In welcher Reihenfolge mit welchen gegenseitigen Abhängigkeiten müssen die Aufgaben erledigt werden?
Plan zur Risikosteuerung	Welche Hemmnisse und Risiken gilt es zu bedenken?
Teilprojektpläne	Wer macht was, bis wann, womit, in welcher Qualität?

> Beginnen Sie nicht zu früh mit der Ablauf- oder Terminplanung. Absprachen über Termine verführen dazu, loszulaufen, noch bevor die Details hinsichtlich Auftrag, Rahmenbedingungen und Aufwand geklärt sind.

Beachten Sie Planungsprinzipien

- Führen Sie eine dynamische Planung vom Groben zum Detail durch, die Details aber nur für die unmittelbare Zukunft festlegt und neue Erkenntnisse laufend einbezieht.
- Planen Sie prozess- und ergebnisorientiert. Denken Sie nicht an Probleme und Tätigkeiten, sondern an die Ziele und an mögliche Lösungen, die auf die Zielgruppe ausgerichtet sind.
- Planen Sie schriftlich. Sie können das Geplante leichter und verbindlicher kommunizieren.
- Überlegen Sie, wer welche Informationen von wem benötigt. Anfangs geht es um die Motivation der Betroffenen, später um die Vernetzung der an der Umsetzung Beteiligten. Definieren Sie die notwendigen Schnittstellen in einem Kommunikationskonzept.
- Bleiben Sie konsequent auf dem Kurs zum Ziel und doch flexibel, um auf aktuelle Gegebenheiten reagieren zu können.
- Planen Sie weiche Zeitpuffer genauso ein wie harte Meilensteine zur Zwischenkontrolle.
- Achten Sie auf kontinuierliche Rückmeldungen und visualisieren Sie die Fortschritte. Nutzen Sie Verlaufsdiagramme und Balkengrafiken, um den Mitarbeitern Orientierung über

den Prozess zu geben und sie zu weiteren Bestleistungen zu motivieren.

Checkliste: Planung und Steuerung von Projekten		
	ja	nein
Der Auftrag und wichtige Rahmenbedingungen sind mit dem Auftraggebern (bzw. Ihrem Vorgesetzten) abgesprochen.		
Die Ziele des Projekts sind Ihnen und den anderen Beteiligten klar.		
Als Projektleiter verfügen Sie über die notwendige Methoden- und Prozesskompetenz, um das geplante Projekt in der Umsetzung zu steuern.		
Bei den Teammitgliedern sind sowohl die notwendigen fachlichen Fähigkeiten als auch teamorientierte Kompetenzen vorhanden.		
Zum Team gehören auch Visionäre und Umsetzer.		
Ein Kommunikationskonzept zur Mobilisierung der Betroffenen und zur Steuerung des Projekts ist erarbeitet.		
Rückmeldeschleifen zur permanenten Nachjustierung und Kontrolle des Projektfortschritts sind vereinbart.		

Erfolgreich delegieren

Spätestens wenn Sie den Eindruck haben, buchstäblich in Arbeit zu ertrinken und Ihre Familie nicht mehr zu kennen, spätestens dann, wenn Ihr Mountainbike von Spinnweben überzogen ist, wissen Sie: Sie delegieren zu wenig.

Als Führungskraft sollten Sie Ihre Arbeitskraft und Kreativität in die strategischen Aktivitäten investieren – daran wird Ihre langfristige Wirksamkeit gemessen. Machen Sie sich frei von Routine-, Detail- und Spezialistenaufgaben. Delegieren bedeutet, den Mitarbeitern Aufgaben mit einer vereinbarten Handlungsvollmacht zu übertragen. Das ist für beide Seiten vorteilhaft:

- Die Führungskraft wird frei von Fachaufgaben und gewinnt Zeit für ihr originäres Führungsgeschäft.
- Der Mitarbeiter wird in seiner Eigenverantwortung gestärkt und kann seine Kompetenz erweitern.

So gelingt Delegation

Inhalte und Umfang eindeutig definieren

Delegation wird umgangssprachlich mit der Anweisung zur Ausführung einer Aufgabe gleichgesetzt. Dies demotiviert engagierte Mitarbeiter und führt nur zur Rückdelegation. Ein kompetent durchgeführtes Delegationsgespräch ist hingegen ein hervorragendes Instrument zur Motivation und Weiterqualifizierung der Mitarbeiter. In einem solchen aufwendigen Gespräch müssen folgende Punkte geklärt werden:

- Wie lautet die Aufgabe?
- Welchem Ziel dient die Erfüllung der Aufgabe?
- Werden dem Mitarbeiter zusammen mit der Verantwortung für das Ergebnis auch die erforderlichen Entscheidungskompetenzen übertragen?

- Stimmen die Rahmenbedingungen? Gibt es Hindernisse im Arbeitsumfeld des Mitarbeiters, die der Aufgabenerfüllung entgegenstehen?

Vertrauen und loslassen können

Der Perfektionismus und der Machtinstinkt mancher Führungskräfte schaffen eine Atmosphäre des Misstrauens, in der bestenfalls halbherzig delegiert wird. Dies schürt Unsicherheiten auf beiden Seiten. Im Endeffekt fühlt sich der Mitarbeiter als Handlanger des Chefs und verliert die Lust am Engagement. Nach der unvermeidlichen, selbst provozierten Rückdelegation fühlt der Chef sich in seiner Meinung bestätigt, dass er alles in kürzerer Zeit besser machen kann. Entwickeln Sie gegenseitiges Vertrauen, indem Sie die Kompetenz desjenigen prüfen, an den Sie delegieren, und indem Sie die übertragene Verantwortung schrittweise vergrößern.

Was kann delegiert werden?

- **Routineaufgaben:** Da diese regelmäßig wiederkehren, lohnt es sich, bei fehlenden Kompetenzen Zeit zu investieren, um einen Mitarbeiter anzulernen.
- **Einzel- oder Spezialistenaufgaben:** Delegieren Sie diese an Experten, die über die notwendigen Fähigkeiten verfügen.
- **Arbeitsbereiche:** Hier ist es unbedingt notwendig, dass Sie und Ihr Mitarbeiter einander gut kennen und vertrauen; darüber hinaus müssen beide Seiten bereit sein, Verantwortung für die Delegation zu tragen.

Checkliste: Richtig delegieren

	✓

Vorbereitung

- Vertraue ich meinem Mitarbeiter? Kann ich die Aufgabe und die Verantwortung loslassen?
- Verfügt mein Mitarbeiter über die notwendigen Fähigkeiten und das Engagement?
- Habe ich die Rahmenbedingungen definiert, die für die Delegation gelten (Befugnisse, Verantwortung, Freiheiten, Ressourcen, ...)?
- Ist genügend Zeit für das Gespräch? Kann mein Mitarbeiter ernsthaft seine Fragen stellen? Können Unklarheiten in Ruhe besprochen werden?

Schritte des Delegationsgesprächs

- Definieren Sie gegenüber dem Mitarbeiter den Auftrag.
- Erklären Sie ihm das Motiv (warum?) und das Ziel (wozu?) der Delegation.
- Klären Sie die Rahmenbedingungen und Details, (z. B. die Kriterien, an denen das Ergebnis gemessen wird.)
- Klären Sie die Zeitschiene, eventuell mit Rückmeldung von Zwischenergebnissen.
- Besprechen Sie mit ihm die dafür notwendigen Fähigkeiten, und holen Sie sich eine Rückmeldung, ob er sich der Aufgabe gewachsen fühlt (Kompetenz) und sich damit identifizieren kann (Motivation).
- Besprechen Sie, wie das Ergebnis von ihm an Sie rückgemeldet werden soll und von Ihnen kontrolliert wird.
- Sichern Sie ihm Ihre Unterstützung zu, verpflichten Sie ihn aber darauf, dass er bei auftretenden Schwierigkeiten Sie frühzeitig informiert.
- Reflektieren Sie mit dem Mitarbeiter die erbrachte Leistung, anerkennen Sie die Erfolge. Die Delegation ist auch ein Instrument der Personalentwicklung.

Wirksam kontrollieren

»Vertrauen ist gut, Kontrolle ist besser.« Diese Lebensweisheit macht unmittelbar verständlich, weshalb Kontrolle mit einem negativen Beigeschmack versehen ist: Der Mitarbeiter erlebt dabei häufig Misstrauen und Bevormundung.

Dennoch gibt es keine Situation, in der Sie auf Kontrolle verzichten können. Es ist und bleibt auch im Rahmen der Delegation einer Aufgabe Ihre Pflicht, sicherzustellen, dass die Arbeitsergebnisse der Mitarbeiter bestimmten vereinbarten Anforderungen an Qualität, Quantität, Kosten und Zeit entsprechen. Machen Sie Ihren Mitarbeitern deutlich, dass Sie Kontrolle nicht als Ausdruck von Misstrauen verstehen, sondern dass sie regelmäßig und zu vereinbarten Zeitpunkten erfolgt, um sein Arbeitsergebnis zu sichern und zu würdigen. Entwickeln Sie ein positives Verständnis von Kontrolle: Ihnen selbst und Ihren Mitarbeitern sollte der Nutzen von Kontrolle klar sein. Sie dient dazu,

- mit Blick auf das Ziel frühzeitig steuernd eingreifen zu können, noch bevor größere Schäden entstanden sind;
- Ergebnisse nachhaltig zu sichern und zu verstetigen;
- die Motivation durch anerkennende Rückmeldungen zu der geleisteten Arbeit zu erhöhen;
- den Mitarbeiter durch Beratung zu qualifizieren.

Selbstkontrolle und Fremdkontrolle

Sie können zwei Arten der Kontrolle unterscheiden: die Selbstkontrolle des Mitarbeiters und die Fremdkontrolle des Mitarbeiters durch Sie als Führungskraft.

Es mag zunächst überraschend klingen, die Selbstkontrolle unter Führungstechniken abzuhandeln, denn wo bleibt dabei die Führungskraft? Wundern werden sich insbesondere die gewissenhaften Führungspersonen mit einem hohen Kontrollbedürfnis. Ihnen fällt es schwer, die Führung wenigstens in vereinbarten Zeiträumen den Mitarbeitern zu überlassen, denn sie sind von der Angst geplagt, dass diese sich als verantwortungslos erweisen könnten mit der Folge, dass die Aktivitäten aus dem Ruder laufen. Auf der anderen Seite wird deutlich, dass Selbstkontrolle sehr wohl eine Führungstechnik ist, nämlich eine auf Mitarbeiterentwicklung und Vertrauen basierende. Fördern Sie Ihre Mitarbeiter, indem Sie ihnen die Verantwortung übertragen, die Zielerreichung nach vereinbarten Kriterien phasenweise selbst zu überprüfen. Sie selber kontrollieren nur in großen Abständen die wichtigen Zwischenergebnisse.

Fremdkontrolle bewegt sich in einem Spannungsfeld: Fest steht, dass die Führungskraft die letzte Verantwortung für die Arbeitsergebnisse trägt. Nun stehen Sie vor der Frage, ob Sie Ihrem Mitarbeiter durch die Art Ihrer Kontrolle Verantwortung entziehen oder ob Sie ihm vertrauen und eher als Coach zur Seite zu stehen. Wie Sie sich in diesem Dreieck bewegen, hängt zum großen Teil von Ihrer Einstellung zu Ihrem Mitarbeiter ab.

Kontrolle und Führungsstil

Damit der Mitarbeiter Sie als unterstützend erlebt, ist es notwendig, dass Sie als Führungskraft Ihr Menschenbild und Ihre Einstellung ihm gegenüber klären. Die folgende Tabelle hilft Ihnen dabei.

Merkmale der Kontrolle	Die Führungskraft misstraut dem Mitarbeiter.	Die Führungskraft als Coach qualifiziert den Mitarbeiter.
Selbstverständnis der Führungskraft	Fehlersucher	Berater, Coach
Ziel	Fehler entdecken	Erfolg sichern
Häufigkeit	groß	klein
Inhalt	Detailaufgabe	Schwerpunkte, Meilensteine
Art	überraschend	in Absprache
Stil	vorwurfsvoll, belehrend, autoritär	Verständnis suchend, analysierend, anerkennend
Erfolg	Ursachen und Schuldige identifiziert	Die Fähigkeit des Mitarbeiters zu eigenverantwortlichem Handeln wächst.

So kontrollieren Sie wirkungsvoll

Folgende Verhaltensweisen sollten Sie meiden: grundsätzliches Misstrauen gegenüber Fähigkeiten und Verantwortungsbewusstsein der Mitarbeiter; hochfrequentes, übergriffiges Eingreifen; unangekündigte Stichproben; fehlende Kontrolle zu vereinbarten oder angekündigten Zeiten.

Damit verstärken Sie die Wirksamkeit Ihrer Kontrollen:

- Richten Sie die Art und Häufigkeit der Kontrolle nach dem Entwicklungsstand, den Fähigkeiten und der Motivation des Mitarbeiters.
- Kontrollieren Sie bei engagierten Mitarbeitern nur die Ergebnisse oder die wichtigen Meilensteine.
- Kontrollieren Sie nur zu vereinbarten Zeiten im vereinbarten Umfang.
- Definieren Sie frühzeitig und transparent die Kriterien, an denen der Erfolg gemessen wird.
- Coachen Sie Ihre Mitarbeiter hinsichtlich ihrer Fähigkeit zur Selbstkontrolle.
- Nutzen Sie die »unangenehme« Führungstechnik Kontrolle für ein qualifizierendes Feedback und für leistungsbezogene Anerkennung.

> Zu guter Letzt: Überprüfen Sie Ihr Kontrollbedürfnis mit der »**egal**-Formel«: Ist die Kontrolle **e**rforderlich, **g**eeignet, **a**ngemessen und **l**ösungsorientiert?

Mitarbeiterorientierte Führungstechniken

Auf dem gemeinsam eingeschlagenen Weg gibt es Fortschritte, gelegentlich aber auch Rückschläge. Ihre Aufgabe ist es, Ihre Mitarbeiter anzuspornen und darauf zu achten, dass sie Umwege vermeiden.

Lesen Sie in diesem Kapitel, wie Sie

- konstruktiv Feedback geben,
- sich selbst und Ihre Mitarbeiter nachhaltig motivieren,
- angemessen Anerkennung aussprechen und
- Kritikgespräche zielgerichtet führen.

Feedback geben

Beziehungen leben von der Rückmeldung darüber, wie wir zueinander stehen. Feedback ist sozusagen das Schmiermittel einer funktionierenden Führungsbeziehung. Beschränken Sie es also nicht auf bestimmte Anlässe oder regelmäßig wiederkehrende Situationen wie Kritikgespräche oder Jahresgespräche, sondern nutzen Sie die Möglichkeiten, die sich im Alltag zum spontanen Austausch ergeben.

Dies gilt insbesondere für die Führung der langjährigen Mitarbeiter. Sie arbeiten oft sehr selbstständig, und entsprechend seltener ist der Kontakt zum Vorgesetzten. Aufkeimender Ärger wird zunächst bagatellisiert, und die Überraschung ist groß, wenn man plötzlich merkt, wie viele Unterschiedlichkeiten sich angesammelt haben.

Ziele und Nutzen

- Feedback fördert die Beziehung zu Ihrem Mitarbeiter, indem er erfährt, welche Gedanken und Gefühle seine Verhaltensweisen in Ihnen auslösen.
- Interpretationen und Phantasien übereinander, die meistens dramatischer sind als die Wirklichkeit, können überprüft und korrigiert werden.
- Eine konstruktive Rückmeldung verhindert, dass die Führungskraft den Mitarbeiter umerziehen will, und ermöglicht

es dem Mitarbeiter, die seinem Naturell entsprechenden Veränderungen eigenverantwortlich zu vollziehen.

Konstruktiv sein

Selbstverständlich sollte Feedback nicht als trojanisches Pferd mitgeteilt werden: außen die schöne Verpackung und innen versteckt die Krieger, die ihre Stacheln ins Fleisch setzen. Doch auch mit den besten Absichten wird Feedback vom Adressaten oft als Versuch empfunden, ihn umzuerziehen. Deshalb ist es sinnvoll, sich an bestimmte Spielregeln zu halten.

Regeln für den Feedbackgeber

- Du bist okay und ich bin okay: Feedback beruht auf einer grundlegenden Haltung der Wertschätzung, die den anderen in seiner Individualität achtet.
- Verhalten und Ergebnisse beschreiben, anstatt die Person zu kritisieren: Anlass für Rückmeldungen im beruflichen Kontext sind ausschließlich Verhaltensweisen, die störend für die Zusammenarbeit sind, oder fehlende Arbeitsergebnisse. Die Person bleibt unangetastet.
- Eigene Wahrnehmungen mitteilen: Die meisten Menschen sind dankbar für ehrliche Rückmeldungen, solange ihnen nicht gleich ein Handlungsauftrag mitgegeben wird. Verletzend sind Botschaften, hinter denen die Forderung steht »Du musst ein anderer sein«. Störend ist das Zitieren der Meinung nicht anwesender Kollegen.

- Beim Wesentlichen und im Hier und Jetzt bleiben: Geben Sie Ihre Rückmeldung zeitnah, auf ein zentrales Anliegen bezogen, dann sind die Eindrücke beiderseits noch frisch. Vermeiden Sie es, alte Kamellen aus der Vergangenheit anzuführen.
- Keine Lösungsvorgaben und kein Zwang zur Änderung: Regen Sie die eigenverantwortliche Änderung an, indem Sie wohlwollend und ohne moralischen Druck die Folgen des störenden Verhaltens beziehungsweise der Arbeitsleistung aufzeigen.

Regeln für den Feedbackempfänger

- Klarlegen, worüber und von wem Feedback gewünscht wird: Schützen Sie sich vor der Ausweitung des Themas und vor unsachgemäßer Schelte.
- Zuhören, zuhören, zuhören! Auch wenn's schwerfällt: Versuchen Sie, das Gehörte zunächst aus der Sicht des anderen zu verstehen. Legen Sie Ihre tieferen Beweggründe dar, ohne sich zu rechtfertigen.
- Feedback zum Feedback: Teilen Sie am Ende des Feedbacks mit, wie es Ihnen jetzt geht und was Sie zukünftig anders machen wollen.

> Der Inhalt von Feedback darf nie als Wahrheit oder Feststellung behauptet werden (»So einer sind Sie!«). Konstruktives Feedback ist ein Lebenselixier, fördert die Zusammenarbeit und hilft, Missverständnisse zu vermeiden.

Die vier Schritte des Feedbackgesprächs

1. Vergewissern Sie sich, dass Ihr Gegenüber Ihre Rückmeldung im Augenblick aufnehmen will und kann.
2. Beschreiben Sie den Inhalt Ihrer Rückmeldung getrennt nach den folgenden Aspekten:
   a. Was oder welches Verhalten habe ich wahrgenommen?
   b. Welche Gedanken und Interpretationen stellen sich dazu bei mir ein?
   c. Welche Gefühle werden in mir ausgelöst?
   d. Welche Handlungsimpulse stellen sich bei mir ein?
3. Der Feedbackempfänger erklärt anschließend seine Sichtweisen und Beweggründe, ohne sich zu rechtfertigen.
4. Sie verständigen sich über die Unterschiede und das Gemeinsame Ihrer Wahrnehmungen und tauschen Vorstellungen über eventuell notwendige Veränderungen aus.

Motivieren

Viele Führungskräfte motivieren in der Praxis nach der »Angler-Methode«: Sie nehmen einen Köder, verbergen darin den spitzen Haken und werfen die Angel in den Fluss. Der Fisch, respektive Mitarbeiter, lässt sich vom Köder dazu verführen, anzubeißen, und endet dort, wo er selbst nicht unbedingt hin wollte. Nicht selten werden Mitarbeiter unter dem Deckmantel der Motivation mit solchen Ködern manipuliert. Und in schwierigen Zeiten wird die Führungskraft belohnt, die ihre Mitarbeiter zu kurzfristiger Höchstleistung anstachelt.

Was bedeutet Motivation?

Menschen erbringen nicht grundlos eine Leistung. Tief in uns ist das Bedürfnis nach Wirksamkeit verankert. Dieses wird durch unsere persönlichen Werte und Fähigkeiten auf einen konkreten Inhalt bezogen. Wir haben ein Ziel und ein Motiv für unser Tun.

In dem Wunsch, etwas zu gestalten, äußert sich das Bedürfnis nach Selbstentfaltung und Sinn. Dies ist die allgemeine Motivation. Als Führungskraft müssen Sie sich fragen, ob Sie von dieser scheinbar selbstverständlichen Wahrheit wirklich überzeugt sind. Viele halten ihre Mitarbeiter grundsätzlich eher für faul und unmotiviert und glauben, Leistung durch klare Vorgaben und Kontrolle erzwingen zu müssen. Eigenverantwortung und Einbeziehung der Mitarbeiter bleiben dabei auf der Strecke.

Die spezifische Motivation erwächst aus dem konkreten Inhalt, auf den das allgemeine Gestaltungsbedürfnis des Mitarbeiters ausgerichtet ist. Sie ist der Grund dafür, sich mit einem (Unternehmens-) Ziel zu identifizieren, und entspringt subjektiven Bedürfnissen und Werten. Diese können Sie als Führungskraft nur kennenlernen, wenn Sie in Motivationsgesprächen danach fragen.

> Ein aufmerksam geführtes Mitarbeitergespräch ist zweifellos der Königsweg zu den Motiven und zur Selbstmotivation des Mitarbeiters.

Selbst- und Fremdmotivation

Jeder von uns hat Vorlieben. Die Motive unseres Handelns sind tief in unserer Persönlichkeit verankert. Deswegen stellt sich die Frage, wie Führungskräfte diese Schichten der Persönlichkeit Ihrer Mitarbeiter überhaupt erreichen können, um deren Motivation zu erhöhen. Eine Rolle spielt dabei die Unterscheidung zwischen zwei Arten von Motivation.

Bei der Selbstmotivation (auch intrinsische Motivation genannt) liegt das handlungsauslösende Motiv in der Person selber und bezieht sich unmittelbar auf den Inhalt und die Ziele der Aufgabe. Eine der wichtigsten Voraussetzungen für Motivation heißt deshalb: Bringen Sie in Erfahrung, was Ihr Mitarbeiter von sich aus will und für wichtig erachtet. Nur wenn ein Zusammenhang zwischen dem eigenen, inneren Antrieb und den Unternehmenszielen besteht, entsteht eine langfristig beständige Motivation. Klassische Faktoren der intrinsischen Motivation sind:

- inhaltlich attraktive Tätigkeiten,
- Verantwortung,
- Kompetenzerweiterung,
- Weiterqualifikation,
- Anerkennung,
- Leistung.

Von Fremdmotivation (auch extrinsische Motivation) spricht man, wenn von außen kommende Anreize den Mitarbeiter zu Handlungen veranlassen. Leider gilt dabei auch der Umkehrschluss: Fällt der Anreiz weg, ist auch die Motivation dahin. Die extrinsische Motivation zeigt keine dauerhafte Wirkung, das heißt, sie funktioniert nur durch permanent neu eingebrachte Anreize (Incentives).

Typische Anreize sind:

- Geld,
- Status und Titel,
- Privilegien,
- Sicherheit,
- Arbeitsbedingungen.

Motivation heißt Anleitung zur Selbstmotivation

Führungskräfte sollen begeistern und motivieren. Ganz selbstverständlich sprechen wir im Führungsalltag davon, dass die Motivation der Mitarbeiter zu den wichtigsten Aufgaben einer Führungskraft gehört. Doch kann die Führungskraft überhaupt motivieren, wenn die Motive, wie oben festgestellt, im Inneren einer Person liegen und höchst subjektiv sind?

Ein grundlegendes Problem der Fremdmotivation besteht darin, dass Anreizsysteme von den Arbeitsinhalten ablenken. Das

Schaubild verdeutlicht das Problem: Motivation im eigentlichen Sinne beruht auf der Übereinstimmung der persönlichen Ziele des Mitarbeiters mit den Zielen der Aufgabe. Diese Passung kann streng genommen nur der Mitarbeiter selbst herstellen und bewerten. Ist sie einmal erreicht, so wirkt sie nachhaltig über einen längeren Zeitraum und fördert eigenverantwortliches, zielstrebiges Handeln.

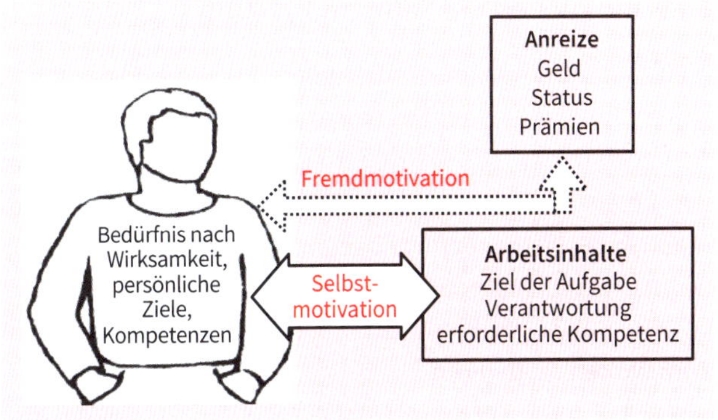

Demgegenüber führt die Motivation von außen durch Anreize, Belohnungen oder Druck zu einer fatalen Umkehrung der ursprünglichen Mittel-Ziel-Relation: Der eigentliche Arbeitsinhalt, der ursprünglich das Ziel des Engagements war, wird nun zum Mittel, durch das die verlockende Vergünstigung, zum Beispiel der finanzielle Bonus, erreicht werden kann. Langfristig bricht in der Folge die Identifikation mit dem eigentlichen Arbeitsinhalt zusammen. In der Praxis führt dies zu Mitarbeitern, denen es egal ist, an welcher Aufgabe sie in welchem Team arbeiten, solange die Bezahlung steigt. Das bedeutet für Sie als Führungskraft: Sie können Motivation streng genommen nicht von außen erzeugen. Motivation im engeren Sinn liegt in der Verantwortung der Mitarbeiter selbst. Gestalten Sie also die Arbeitsbedingungen so, dass Ihre Mitarbeiter die Möglichkeit haben, sich selbst zu motivieren.

So ermöglichen Sie Selbstmotivation

Die Arbeitsleistung wird letztlich durch das Zusammenspiel von Wollen, Können und Dürfen erbracht. In diesen drei Bereichen sind auch Ihre Möglichkeiten zur Motivation angesiedelt, aber sehr unterschiedlich. Alle Maßnahmen, mit denen Sie die Motivation Ihrer Mitarbeiter mittelbar und unmittelbar beeinflussen, benötigen das direkte, aufmerksame Gespräch.

Zum Wollen motivieren

Mit Wollen, also der Leistungsbereitschaft, ist der in der Person des Mitarbeiters verankerte Wille gemeint, sich für ein Ziel einzusetzen. Dieser ist von der Führungskraft nur indirekt beeinflussbar. Trotzdem gibt es hier Führungsaufgaben von grundlegender Bedeutung. Mitarbeiter registrieren ausgesprochen hellhörig und dankbar, wenn sie nach ihren persönlichen Bedürfnissen und Zielen gefragt werden. Als Führungskraft sprechen Sie dabei Ihre Wertschätzung für und Ihr Vertrauen in den Mitarbeiter aus. Ein partizipativer Führungsstil durch Einbeziehung und Vereinbarung steht auf der Wunschliste der meisten

Mitarbeiter ganz oben. Insofern sprechen Sie damit die tieferen Schichten der Leistungsbereitschaft an.

Zum Können motivieren

Das Können, also die Leistungsfähigkeit, bezeichnet die für eine Aufgabe notwendigen Kompetenzen. Diese sind von dem Mitarbeiter zu erarbeiten und können von der Führungskraft indirekt gefördert werden. Es befriedigt uns außerordentlich, mit den eigenen Fähigkeiten Ergebnisse zu erzielen. Gezielte Anerkennung für geleistete Arbeit ist daher eine Form der Rückmeldung, die der Mitarbeiter unmittelbar auf seine Person beziehen kann. Deswegen ist sie hochgradig motivierend. Ebenso wird persönliches Wachstum als Bereicherung erlebt. Durch eine systematische Personalentwicklung, Weiterqualifizierung und einen Personaleinsatz entsprechend der Mitarbeiterkompetenzen fördern Sie aktiv die Motivation.

Durch Dürfen motivieren

Das Dürfen, also die Handlungsbedingungen des Mitarbeiters, ist der vorgegebene, mehr oder weniger große Spielraum, innerhalb dessen Wollen und Können in konkrete Handlungen umgesetzt werden. Diese Komponente der Motivation ist durch den Vorgesetzten direkt zu gestalten. Demotivierende Bedingungen müssen abgeschafft und durch motivierende ersetzt werden. Dazu gehören z. B. die Delegation von Verantwortung oder das Klären von Befugnissen.

Mitarbeiter wollen selbstständig arbeiten. Führungskräfte haben aber oft ein ambivalentes Verhältnis zu diesem Wunsch. Einerseits würden sie dadurch entlastet, andererseits steht ihnen ihr Kontrollbedürfnis im Weg; und außerdem sind selbstständig denkende Mitarbeiter oft widerständige Mitarbeiter, die mit eigenen Vorstellungen kommen, mitentscheiden wollen und nicht mehr so einfach per Anweisung zu führen sind.

Doch Orientierungslosigkeit, enge Spielregeln, Bevormundung, schlechte Arbeitsbedingungen – all das trägt zur Demotivation Ihrer Mitarbeiter bei. Gerade auf die Rahmenbedingungen haben Sie als Führungskraft den größten Einfluss. Schaffen Sie definierte Handlungsfreiräume, die für den Mitarbeiter attraktiv sind, weil er in seinem Wollen und Können gefordert ist.

Checkliste: Motivation

	✓
Kenne ich die individuellen Motive meines Mitarbeiters?	
Kennt der Mitarbeiter den Sinn und Nutzen der Abteilungsziele?	
Welche Anreizsysteme werden in meiner Firma eingesetzt? Ist dem Mitarbeiter und mir klar, dass diese nur kurzfristig wirksame Mittel umfassen?	
Über welche Fähigkeiten verfügt mein Mitarbeiter? Wie kann ich seine Kompetenzen weiterentwickeln?	
Vermittle ich dem Mitarbeiter Anerkennung für seine Leistung?	
Kann ich sein Tätigkeitsfeld ausbauen und ihm zusätzliche Verantwortung übertragen?	
Sind dem Mitarbeiter seine Freiräume klar und nutzt er sie?	

Anerkennung geben

Warum Anerkennung schwerfällt

»Passt schon!« Diesen Satz einmal im Jahr vor Weihnachten auszusprechen, gilt oft schon als Superlativ der Anerkennung. Obwohl wir aus eigener Erfahrung wissen, wie gut Anerkennung tut und wie motivierend sie wirken kann, klagen Mitarbeiter aller Hierarchiestufen, dass ihre Vorgesetzten zu wenig loben. Sicherlich, es gibt eine Reihe von Gründen dafür, dass uns Anerkennung so schwerfällt.

- Es besteht keine sachliche Notwendigkeit. Anders als bei Fehlern und Kritik kann gelungene Arbeit kommentarlos zur Kenntnis genommen werden.
- Leistung gilt als selbstverständlich. Mitarbeiter werden zum Arbeiten angestellt und werden auch noch dafür bezahlt. Also verdienen sie Lob nur bei außerordentlicher Leistung.
- Anerkennung macht süchtig. Fängt man einmal damit an, will der Mitarbeiter immer mehr und kommt vielleicht auch noch auf die Idee, anschließend mehr Gehalt zu fordern!
- Auch der eigene Chef gibt keine Anerkennung. Die Luft wird nach oben immer dünner. Gerade Chefs, die sich selbst über zu wenig Anerkennung beklagen, übernehmen das negative Vorbild und geben zu wenig Anerkennung.

Die genannten Gründe führen dazu, dass Anerkennung oft missbraucht wird und sich Vorbehalte aufbauen. Verwenden Sie Anerkennung nicht

- als beschwichtigende Einleitung zu Kritik,
- als Köder zu unangenehmen Aufgaben,
- als pauschale Streicheleinheit,
- als Selbstbeweihräucherung.

Anerkennung wirksam mitteilen

Grundsätzlich gilt: Anerkennung muss eingebunden sein in eine Kultur der Wertschätzung. Sie hat mit Beachtung, Aufmerksamkeit und Respekt zu tun. Fehlen diese Haltungen, dann wirkt Anerkennung aufgesetzt und unehrlich. Das bedeutet auch, dass Anerkennung ein durchgängiges Kennzeichen Ihres Führungsstils sein sollte.

Anerkennung stillt zunächst ein psychosoziales Bedürfnis. Sie führt aber darüber hinaus zu einer unmittelbaren Standortbestimmung im Hinblick auf zu erreichende Ziele. Insofern ist sie ein Instrument des Führens mit Zielvereinbarungen. Die Zielerreichung kommentarlos zu ignorieren ist einer der größten Motivationskiller.

> Richtig verstandene Anerkennung sollte eine selbstverständliche Praxis im Arbeitsalltag sein.

Vier Grundregeln des Anerkennungsgesprächs helfen Ihnen, Anerkennung so zu vermitteln, dass sie bei Ihrem Mitarbeiter in der gewünschten Weise ankommt:

1. Schärfen Sie Ihr Bewusstsein dafür, dass Anerkennung eine durchgehende Haltung im beruflichen Alltag sein muss. Seltene Anerkennung wirkt seltsam. Und denken Sie daran: Anerkennung ist nicht delegierbar!
2. Überlegen Sie, worin der Beitrag des Mitarbeiters zum erreichten Ergebnis besteht. Anerkennung muss begründet und nachvollziehbar sein. Benennen Sie deswegen möglichst konkret seine Fähigkeiten und die erzielte Leistung. Vermeiden Sie Anerkennung nach dem Gießkannenprinzip.
3. Die Anerkennung muss der Leistung und dem Entwicklungsstand des Mitarbeiters angemessen sein. Hüten Sie sich vor unglaubwürdigen Übertreibungen.
4. Finden Sie den passenden Ort und Zeitpunkt für die Anerkennung. Anerkennung sollte zeitnah zur Leistung erfolgen.

BEISPIEL: ANGEMESSENE ANERKENNUNG

Schlecht: »Frau Nölke, das war ja toll, wie Sie das hinbekommen haben!«

Besser: »Frau Nölke, wie ruhig Sie gestern auf die Beschwerde des Kunden Härter reagiert und wie Sie ihm sachkundig die Bedienung des Geräts noch einmal erklärt haben, das fand ich sehr gelungen.«

Checkliste: Die fünf Schritte des Anerkennungsgesprächs	
1	Nennen Sie in der Eröffnung das Thema und die Situation.
2	Stellen Sie einen direkten Zusammenhang her zwischen der Leistung des Mitarbeiters und dem Ergebnis.
3	Konkretisieren und personalisieren Sie die Leistung, indem Sie die dafür erforderlichen Fähigkeiten des Mitarbeiters detailliert beschreiben.
4	Anerkennen Sie auch das Engagement und die gezeigte Verantwortung des Mitarbeiters. Ohne diese hätten die Fähigkeiten alleine nichts gebracht.
5	Bedanken Sie sich abschließend für das Engagement des Mitarbeiters. Bieten Sie weitere Unterstützung an und fragen Sie ihn, wie diese aussehen könnte.

Kritikgespräche konstruktiv führen

In aller Regel empfinden Führungskräfte ihre Aufgabe, Kritikgespräche zu führen, als unangenehm. Das ist verständlich, kann aber gleichzeitig auch ein Hinweis auf eine einseitige Vorstellung vom Sinn und Zweck des Kritikgesprächs sein.

Unangenehm ist Kritik, weil in ihr Fehler, Schwachstellen und problematische Verhaltensweisen angesprochen werden. Entsprechend reagiert der Kritisierte schnell mit Ablehnung oder Rechtfertigung. Deshalb werden Kritikgespräche allzu oft vermieden. Doch langfristig wirkt sich unausgesprochene Kritik ebenso wie falsch vermittelte Anerkennung negativ auf den Respekt der Mitarbeiter gegenüber der Führungskraft aus.

Kritikgespräche sind also zwingend notwendig. Führen Sie sich vor Augen, worum es dabei eigentlich geht: Wollen Sie den anderen mit seinen Unzulänglichkeiten konfrontieren, wollen Sie ihn bloßstellen oder umerziehen? Natürlich nicht! Innere Abwehr angesichts eines bevorstehenden Kritikgesprächs kann ein Hinweis darauf sein, dass Sie noch zu sehr mit der Suche nach Fehlern in der Vergangenheit beschäftigt sind und noch nicht genügend mit dem eigentlichen Sinn des Kritikgesprächs, nämlich den Zielen und Lösungen für eine neue Zukunft.

> Ein Vorgesetzter, der Fehler seiner Mitarbeiter nicht anspricht, handelt verantwortungslos. Doch jede Kritik sollte im Kern ein positives, zukunftsorientiertes Anliegen enthalten.

Vier Grundsätze des Kritikgesprächs

1. Veranschaulichen Sie sich die positive Absicht hinter der Kritik. Suchen Sie Lösungen für eine bessere Zukunft, statt Schuldige zu identifizieren und auf Fehlern in der Vergangenheit herumzureiten.
2. Trennen Sie zwischen der Person und der Sache. Der Person gilt auch im Kritikgespräch eine unbedingte Achtung. Berechtigte Anlässe zu Kritik können sein: eine ungenügende Arbeitsleistung, unannehmbares Verhalten oder eine negative Einstellung.

3. Der Fehler ist in Ihrem Verantwortungsbereich passiert. Bieten Sie dem Mitarbeiter eine angemessene Unterstützung auf dem Lösungsweg an.
4. Seien Sie nicht nachtragend.

Die Vorbereitung des Kritikgesprächs

Kritik muss begründet sein

Keine Kritik ohne klaren Tatbestand. Beruht Ihre Kritik auf nicht belegbaren Informationen, dann gelten Sie schnell als unglaubwürdig oder kleinkariert.

Der eigentliche Grund für die Kritik liegt aber nicht in den Fehlern, die begangen wurden, oder in den problematischen Verhaltensweisen, sondern in den Folgen, die diese nach sich ziehen. Deshalb sollten Sie im Rahmen der Vorbereitung des Kritikgesprächs eine realistische Einschätzung des möglichen Schadens vornehmen. Diesen im Gespräch selbst ohne Über- oder Untertreibungen aufzuzeigen, erzeugt oft einen hohen Veränderungsdruck, ohne dass Sie dabei moralisch werden.

Umgang mit Fremdbeobachtungen

Es wird immer wieder vorkommen, dass Sie Fehlverhalten nicht selbst beobachtet, sondern Hinweise darauf von anderen bekommen haben, zum Beispiel von Kollegen des Mitarbeiters oder von Kunden. Für Sie entsteht daraus eine heikle Situation: Mit Hinweisen auf die persönlichen Motive des »Denunzianten«

kann der Kritisierte die schöne Beweislage schnell aushebeln. Gleichzeitig spricht es sich im Team herum, dass Sie sich mit »Petzern« auf Gespräche in Abwesenheit der Kritisierten eingelassen haben.

> Kritik darf nicht auf Informationen aus zweiter Hand oder auf Gerüchten aufbauen. Verzichten Sie auf Kritik, wenn Sie letztlich nur Vermutungen äußern können.

Der eleganteste Umgang mit Fremdbeobachtungen besteht darin, diese als Anregung für eigene, gezielte Beobachtungen zu nutzen. Üben Sie sich in Geduld mit der Kritik, bis Sie zu eigenen, belegbaren Wahrnehmungen und Einschätzungen gekommen sind.

Die zweite Möglichkeit besteht darin, den Informanten aufzufordern, die Kritik dem Beschuldigten selbst vorzutragen. Verbinden Sie dies mit dem Hinweis, er möge sich zuvor über seine Motive und Absichten Klarheit verschaffen, damit die Zusammenarbeit nicht Schaden nimmt.

Leider gibt es ein paar wenige Situationen, in denen beide Möglichkeiten ausscheiden, weil Sie unmittelbar einen größeren Schaden abwenden müssen. Bleiben Sie in diesem Fall im Gespräch möglichst eng an der Sache, bleiben Sie streng lösungsorientiert und vermeiden Sie jeden Vorwurf.

Zusammenhänge berücksichtigen

Arbeit wird unter miteinander verknüpften Bedingungen verrichtet. Selten kann ein Mitarbeiter alle Einflüsse selbst steuern. Insofern ist er auch für die Folgen nicht allein verantwortlich. Klären Sie vor dem Kritikgespräch, welche Umfeldbedingungen oder welche anderen beteiligten Personen das Fehlverhalten begünstigt haben. Schränken Sie Ihre Kritik entsprechend auf die durch den Mitarbeiter beeinflussbaren Anteile ein.

Den eigenen Beitrag bedenken

Möglicherweise haben Sie unbewusst einen eigenen Anteil an dem Problem. Das kann schneller passieren, als Ihnen lieb ist. Prüfen Sie, ob Sie den Mitarbeiter im Rahmen einer Delegation vielleicht fachlich oder persönlich überfordert haben oder ob Sie ihn aus Zeitmangel zu lange an der langen Leine haben laufen lassen. Überlegen Sie auf jeden Fall, was Sie zur Lösung beitragen können.

Die fünf Schritte des Kritikgesprächs

Die entscheidenden zwei Fragen bezüglich des Zwecks eines Kritikgesprächs lauten:

- Wie können Sie weiteren Schaden für die Zukunft vermeiden, ohne dabei Ihren Mitarbeiter zu demotivieren?
- Wie kann der Mitarbeiter durch Ihre Kritik seine Fachkompetenz verbessern und zu mehr Selbstverantwortung gelangen?

Die einzelnen Schritte des Kritikgesprächs sind auf zwei Ziele gerichtet: Der Mitarbeiter soll sein Fehlverhalten erkennen können und konkrete Lösungen entwickeln.

Schritt 1: Das Gespräch eröffnen

Achten Sie auf eine ernste, aber positive Atmosphäre. Nehmen Sie eine wertschätzende, zugewandte Haltung ein, statt anklagend und kurz angebunden zu sein.

Schritt 2: Das Thema benennen

Nennen Sie den Anlass für das Kritikgespräch und weisen Sie auf die eingetretenen oder möglichen Folgen hin. Diese sind die eleganteste Art, die Kritik zu begründen und die Veränderungsbereitschaft zu fördern. Fassen Sie sich möglichst kurz. Gerade in der Eingangsphase besteht die Gefahr, dass Sie aufgrund Ihrer unangenehmen Gefühle um den heißen Brei herumreden. Je mehr Sie jedoch reden, umso schneller wird sich Ihr Gegenüber an die Wand gedrückt fühlen und in der Folge entweder verstummen oder sich rechtfertigen.

Schritt 3: Das Problem und die Folgen analysieren

Geben Sie den Anstoß dazu, dass der Mitarbeiter nun das Problem, die Situation, die Hintergründe und die Umfeldbedingungen analysiert. Diese Arbeit soll von ihm geleistet werden. Je genauer Sie selbst die Situation erklären, umso wahrscheinlicher wird es, dass Sie sich in einem nebensächlichen Detail irren. Dies kann der Mitarbeiter nutzen, um vom eigentlichen Thema abzulenken und Sie in Rechtfertigungsnot zu bringen. Außerdem wird er sich an Ihren Sichtweisen und Urteilen ausrichten. Im Hinblick auf die Personalentwicklung jedoch kann es für Sie jenseits des aktuellen Problems interessant sein, zu erfahren, wie der Mitarbeiter denkt, urteilt und handelt.

Der zweite Teil der Analyse gilt der Abschätzung der Folgen des Fehlers. Die Tragweite eines Fehlers ist den Mitarbeitern oft nicht bewusst oder wird von ihnen aus Angst vor Sanktionen heruntergespielt. Doch erst dann, wenn wir einen durch unser eigenes Tun entstandenen Schaden unverzerrt wahrnehmen, können wir die Verantwortung dafür übernehmen und nach Lösungen suchen.

Im Anschluss an die Erläuterungen des Mitarbeiters schildern Sie ihm Ihre eigene Sichtweise, und gehen Sie dann in ein abgleichendes Gespräch.

Schritt 4: Lösungen suchen und konkretisieren

Die Erfahrung zeigt, dass Lösungen, die man nicht selbst erarbeitet hat, selten umgesetzt werden. Auch hier gilt deswegen die Regel: Geben Sie dem Mitarbeiter zunächst Gelegenheit, seine Ideen dazu, wie er Arbeitsabläufe verbessern und seine Verhaltensweisen ändern kann, zu sammeln. Fügen Sie erst anschließend Ihre eigenen Überlegungen hinzu.

Nachdem Verbesserungsvorschläge gesammelt wurden, verständigen Sie sich über die Vor- und Nachteile der Lösungen und ihre Bewertung. Helfen Sie, die Vorschläge zu verbessern, anstatt sie zu verwerfen. Nach der Wahl der Lösung ist es wichtig, erste konkrete Schritte zur Umsetzung abzusprechen, die die Veränderung absichern und die kontrolliert werden können.

Schritt 5: Das Gespräch abschließen

Am Ende dieses für beide Seiten emotional belastenden Gesprächs können Sie die Gesprächsatmosphäre kurz reflektieren und einen wertschätzenden Abschluss finden. Etwaige Missverständnisse und Kränkungen sollten spätestens jetzt bereinigt, offen Gebliebenes sollte ausgesprochen werden. Versichern Sie dem Mitarbeiter Ihren unveränderten Willen zur Kooperation und vereinbaren Sie ein weiteres Gespräch zur gemeinsamen Überprüfung des Erfolgs der vereinbarten Maßnahmen.

Wie Sie das Gespräch einfühlsam und zielgerichtet führen

- Manche Führungskräfte schwören darauf, wie wirksam Kritik im Rahmen eines Abteilungsgesprächs vor den versammelten Kollegen ist. Stimmt. Beschämung will keiner ein zweites Mal erleben. Trotzdem: Kritik sollte in einem geschützten Rahmen unter vier Augen erfolgen.
- Auch wenn Kritik etwas Unangenehmes ist: Schieben Sie das Gespräch nicht auf. Kritik sollte anlassbezogen und möglichst zeitnah geübt werden.

- Hüten Sie sich vor moralischen Appellen. Die Bereitschaft zur Veränderung erhöhen Sie viel eher dadurch, dass Sie die Folgen des Fehlers sachlich aufzeigen.
- Bleiben Sie bei einem konkreten Beispiel, das Ihre Kritik nachvollziehbar macht. Weitere Beispiele und Generalisierungen wie »immer« oder »nie« erhöhen nur den Rechtfertigungsdruck.
- Zitieren Sie nach Möglichkeit keine Beurteilungen von Personen, die an dem Gespräch nicht teilnehmen.
- Führen Sie sich schon vor dem Gespräch eine Verhaltensweise des Mitarbeiters vor Augen, die Sie an ihm schätzen. Das Gespräch wird an Schärfe verlieren – nicht an Klarheit –, und beide Seiten werden es als weniger unangenehm empfinden.
- Wenn der Mitarbeiter Einsicht zeigt, erkennen Sie dies unmittelbar im Gespräch an und bieten Sie ihm Ihre Unterstützung an.

BEISPIEL: FORMULIERUNG VON KRITIK

Schlecht: »Unterbrechen Sie mich während der Sitzungen nicht immer mit ihren weitschweifig Kommentaren.«

Besser: »Ich möchte gerne mit Ihnen über Ihre Beiträge während der Teambesprechung gestern reden. Sie haben mich mit längeren Wortmeldungen mehrmals unterbrochen. Ich bin dadurch aus dem Konzept gekommen. Finden Sie sich in meiner Wahrnehmung wieder? Ich möchte Sie bitten, mich in Zukunft aussprechen zu lassen und sich kürzer zu fassen.«

Schwieriges Mitarbeiterverhalten

Die Ankündigung eines Kritikgesprächs löst beim Kritisierten verständlicherweise Angst aus und setzt ihn unter Rechtfertigungsdruck. Dadurch werden Verhaltensweisen provoziert, die die Gesprächsatmosphäre belasten und die Klärung erschweren.

Die Kritik wird angezweifelt

Der Mitarbeiter hegt die unterschwellige Hoffnung, dass ihm nichts mehr vorgeworfen werden kann, wenn er Fehler in der Wahrnehmung des Vorgesetzten findet. Faktisch entwickelt sich daraus ein unerquicklicher Streit über richtig und falsch, der beide gegeneinander aufbringt.

Bewahren Sie innerlich die Ruhe. Nicht Ihre Argumente sind falsch, sondern der Mitarbeiter steckt in der Rechtfertigungsrolle und hat Angst, Ihre Wertschätzung zu verlieren. Nehmen sie dem Gespräch die Dramatik, indem Sie

- unnützen Streit darüber vermeiden, ob die vorgetragene Kritik im Detail richtig ist,
- die Grundaussage nochmals hervorheben und
- zum Gespräch über die individuellen Sichtweisen einladen.

Nicht der Fehler selbst ist das aktuelle Problem im Gespräch, sondern der Umstand, dass er unterschiedlich eingeschätzt wird. Thematisieren Sie die Hintergründe, die zu den verschiedenen Sichtweisen führen.

Zur Rechtfertigung werden andere angegriffen

Die Schuld wird auf andere abgeschoben, um von den eigenen Fehlern abzulenken. Lassen Sie sich nicht auf eine Diskussion darüber ein, was die anderen hätten anders machen können. Signalisieren Sie Verständnis dafür, dass natürlich auch andere an der Situation beteiligt waren. Jetzt steht aber der Beitrag des Mitarbeiters zum Problem im Zentrum des Gesprächs. Bitten Sie ihn, seinen Anteil nun aus seiner Sicht genauer darzustellen.

BEISPIEL: ABLENKUNGSMANÖVER DURCHKREUZEN

Mitarbeiter: »Hätte der Kollege Schneider mich nur früher über die Verzögerung informiert, so wäre mir genügend Zeit geblieben, um noch …«

Führungskraft: »Natürlich hat auch Herr Schneider einen Teil dazu beigetragen. Im Gespräch jetzt mit Ihnen möchte ich über Ihren Anteil sprechen. Momentan delegieren Sie Ihre Rettung an den Herrn Schneider und überlegen, was er verändern könnte. Mich interessiert auch nicht die Schuldfrage, sondern wie Sie Ihre Verantwortung in dieser Situation einschätzen und welche Verbesserungen Sie selbst herbeiführen können.«

Der Fehler wird sofort eingestanden

Manchmal überrascht Sie der Kritisierte mit einem unmittelbaren Eingeständnis seiner Schuld, verbunden mit einer Leidensmiene und der Beteuerung, dass schon morgen alles besser werden wird. Doch manchmal ist dies nur eine Taktik, um der unbequemen Situation möglichst schnell entfliehen zu können.

Nachhaltige Veränderungen setzen jedoch das klärende Gespräch voraus. Sichern Sie zu, dass es Ihnen nicht um Schuld geht, sondern um Lösungen für die Zukunft. Und um diese zu finden, sind jetzt ein tieferes Verständnis der Situation und genügend Zeit nötig, um Veränderungen konkret zu benennen und zu vereinbaren.

Checkliste: Vorbereitung und Durchführung eines Kritikgesprächs	
	✓
Vorbereitung	
▪ Überprüfen Sie die eigene Wahrnehmung und die zu kritisierenden Tatbestände.	
▪ Führen Sie sich eine geschätzte Eigenschaft des Mitarbeiters vor Augen.	
▪ Formulieren Sie das positive Anliegen und das Ziel, das im Anschluss an die Kritik diskutiert werden soll.	
▪ Benennen Sie bereits bei der Terminvereinbarung für das Gespräch die zu besprechende Situation und geben Sie dem Mitarbeiter die Möglichkeit, sich vorzubereiten.	
Durchführung	
▪ Zeigen Sie ehrliche und konkrete Wertschätzung für die Gesamtleistung des Mitarbeiters.	
▪ Nennen die das zu besprechende Thema/Verhalten.	
▪ Lassen Sie den Mitarbeiter die Situation und ihre Hintergründe schildern.	
▪ Erklären Sie Ihre Sicht und die Folgen, die das Verhalten des Mitarbeiters hatte.	

Checkliste: Vorbereitung und Durchführung eines Kritikgesprächs	
	✓
▪ Diskutieren und analysieren Sie Unterschiede, fassen Sie gemeinsame und trennende Sichtweisen zusammen.	
▪ Vereinbaren Sie Änderungen und Ergebnisse für die Zukunft.	
▪ Vereinbaren Sie einen Folgetermin, bei dem Sie das Thema noch einmal reflektieren und die eingetretenen Veränderungen einschätzen.	
▪ Bieten Sie angemessene Unterstützung für die Umsetzung an. Versuchen Sie, nicht nachtragend, sondern lösungsorientiert zu sein.	

Teamorientierte Führungstechniken

Nur wenige Projekte lassen sich im Alleingang durchziehen. Die Arbeit in Teams gehört zu Ihrem Alltag als Führungskraft, und das Miteinander im Team stellt Sie vor spezielle Anforderungen.

Lesen Sie in diesem Kapitel, wie Sie

- ein Team mit verschiedenen Experten führen,
- Besprechungen zielgerichtet steuern und
- Konflikte konstruktiv lösen.

Teams führen

Personalführung bedeutet meistens, nicht nur einen, sondern mehrere Mitarbeiter zu führen, die gemeinsam an einer Aufgabe arbeiten. Die Entscheidung für eine teamorientierte Führung halten Kritiker für eine Modeerscheinung. Jede bedeutende Erfindung der Menschheit beruht, so ihre Argumentation, auf der Einzelleistung eines genialen Geistes.

Doch ist dies zu kurz gedacht. Von der Erfindung bis zum brauchbaren Produkt ist es ein weiter Weg, der das Zusammenwirken unterschiedlichster Fähigkeiten unabdingbar macht. In Zeiten, in denen Hierarchien abgeflacht werden, Abteilungen dadurch größer werden, Verantwortung nach unten verlagert wird, Aufgaben immer komplexer und Mitarbeiter anspruchsvoller werden, wird Teamarbeit zu einem Muss. Doch Teamarbeit ist nicht dasselbe wie Gruppenarbeit, und für die Führung von Teams gelten Besonderheiten.

Der Nutzen von Teamarbeit

Unser stetig wachsendes Wissen führt dazu, dass zuweilen schon alltägliche Aufgabenstellungen so komplex sind, dass sie von einem Einzelnen kaum mehr bewältigt werden können. Experten mit unterschiedlichen Fähigkeiten müssen koordiniert werden, um die Zielvorgaben zu erreichen. Es gilt die Faustregel: Komplexe Probleme lassen sich nur von komplexen Systemen lösen – Teams also.

Hinzu kommt, dass sich Veränderungen in immer kürzeren Zeiträumen und -abständen vollziehen. Nicht die Großen fressen die Kleinen, sondern die Schnellen die Langsamen. Funktionierende Teams mit engagierten Mitarbeitern sind in der Lage, auf Veränderungen schnell zu reagieren und neue Strategien in kurzer Zeit umzusetzen.

Das Engagement und damit die Arbeitsleistung des Einzelnen steigt, wenn er in Entscheidungen einbezogen wird und wenn seine Fähigkeiten berücksichtigt werden. Deshalb zeichnen sich Teammitglieder oft durch hohe Motivation aus.

In Teams diskutieren die Experten offen und direkt miteinander. Mit der Vielzahl der Sichtweisen steigt die Qualität der Entscheidungen. Teammitglieder sind auf das Teamziel, nicht die Einzelleistung ausgerichtet. Deswegen denken sie füreinander mit, versorgen sich mit Informationen und unterstützen sich.

Was Teams so besonders macht

Ein Team ist eine Gruppe von im Idealfall fünf bis neun Mitarbeitern mit unterschiedlichen, sich ergänzenden Fähigkeiten, die ein gemeinsames Ziel verfolgen, nach selbst vereinbarten Regeln zusammenarbeiten und sich gegenseitig unterstützen, um bessere Ergebnisse zu erzielen. Teams zeichnen sich im Gegensatz zu Arbeitsgruppen durch die im Folgenden aufgeführten Merkmale aus.

Führung

- Die Teammitglieder sind in alle relevanten Entscheidungsprozesse einbezogen.
- Schlüsselpositionen können auch von Teammitgliedern, nicht nur der Leitung, besetzt werden.
- Die Hierarchie ist flach, und die Teamleitung versteht sich als Coach und Koordinator der Teammitglieder.
- Auch wenn die Leitung nach außen klar definiert ist, wird die Macht innerhalb des Teams partizipativ ausgeübt.

Zusammenarbeit

- Im Team wird kooperativ zusammengearbeitet mit einem klaren Bewusstsein der unterschiedlichen Fähigkeiten und Stärken und dem Willen zur gegenseitigen Unterstützung.
- Die Teammitglieder vertrauen einander und akzeptieren ihre wechselseitige Abhängigkeit.
- Sie pflegen eine Kultur der Transparenz und einen engen persönlichen Austausch.
- Konkurrenz bezieht sich auf die Außenwelt.

Zielorientierung

- Die Teamziele sind aus den Unternehmenszielen abgeleitet und den Mitarbeitern bekannt.
- Die Einzelziele sind aufeinander abgestimmt. Die Teammitglieder identifizieren sich mit dem übergeordneten Gesamtziel.

- Die Ziele werden von den Teammitgliedern durch ständige Innovation fortgeschrieben.

Motivation

- Selbstmotivation der Teammitglieder durch Einbeziehung, Verantwortungsdelegation und große persönliche Freiheiten in der Arbeitsgestaltung; kaum auf den Einzelnen bezogene Anreize von außen.
- Die Motivation entstammt dem Arbeitsinhalt und der Zusammenarbeit. Herausforderungen werden begrüßt.

Arbeitsansatz

- Es gibt gemeinsam festgelegte Regeln und Strukturen zur Erfüllung von Aufgaben.
- Teambesprechungen mit gleichberechtigter Beteiligung und offenen Diskussionen sind fest verankert.
- Die kollektive Bestleistung wird gesucht und Synergieeffekte werden genutzt.

Teamrollen

Mitarbeiter sind sich meist nur ihrer funktionalen Rolle im Team bewusst, zum Beispiel ihrer Rolle als Ingenieur oder Marketingexperte. Was ein Team von einer Arbeitsgruppe unterscheidet, ist aber gerade seine heterogene Zusammensetzung nach individuellen Fähigkeiten, die jenseits der Fachlichkeit im Zusammenspiel für eine gute Leistung sorgen. Die für ein Team notwendigen Begabungen lassen sich nach Belbin anhand von acht Rollen beschreiben (Belbin, Managementteams: Erfolg und Misserfolg, 1996). Tragen Sie in die rechte Spalte der Tabelle (MA = Mitarbeiter) ein, wer in Ihrem Team welche Rollen besetzt. Dabei kann eine Person mehrere Rollen ausfüllen. So können Sie feststellen, welche Begabungen in Ihrem Team vorhanden sind oder noch fehlen.

Teamrolle	Fähigkeiten	MA
Typ »Intellektuelle«		
Erfinder	kreativ, fantasievoll, visionär, unorthodox, löst Probleme	
Beurteiler	nüchtern, scharfsinnig, strategisch, realitätsnah	
Typ »Arbeiter«		
Vollender	sorgfältig, gewissenhaft, perfektionistisch, findet Fehler	
Umsetzer	praxisorientiert, effizient, konservativ, zupackend	
Typ »Vermittler«		
Außenminister	kommunikativ, extrovertiert, charismatisch, enthusiastisch	
Innenminister	sozial, sensibel, integrierend, aufmerksam, sanft	
Typ »Teamführer«		
Koordinator	kooperativ, vermittelnd, prozessorientiert, kontaktfähig	
Gestalter	dynamisch, erfolgsorientiert, motivierend, fordernd	

Teamentwicklung

Wo Team draufsteht, ist allzu oft nur eine Arbeitsgruppe mit Individualisten drin. Der Begriff Team wird inflationär für jede Form von Zusammenarbeit gebraucht. Damit Ihre Mitarbeiter tatsächlich ein Team bilden, müssen Sie als Teamleiter die folgenden Bedingungen schaffen:

- **Doppelte Rollen:** Jedes Teammitglied vertritt eine funktionale Rolle (zum Beispiel Designer), die allen bekannt ist, und eine Teamrolle (der Designer hat im Team die Rolle des Innenministers), die selten veröffentlicht ist. Sorgen Sie für Transparenz hinsichtlich der Teamrollen. Dies ist die Voraussetzung dafür, dass jeder weiß, welche Unterstützung jenseits der fachlichen Verantwortung wer im Team geben und brauchen kann.
- **Rollenbalance:** Jedes Team braucht eine optimale Balance der Teamrollen. Diese hängt wiederum ab von den spezifischen Aufgaben der Abteilung. Beispielsweise braucht ein Entwicklungsteam mehr Erfinder als Umsetzer. Achten Sie bei der Besetzung der Planstellen neben der Fachlichkeit auf die Begabung für spezielle Teamrollen.
- **Rollentransparenz:** Durch Transparenz hinsichtlich der Teamrollen fällt es den Mitarbeitern leichter, den unterschiedlichen Eigenarten der Kollegen mit Wertschätzung zu begegnen. Helfen Sie den Mitarbeitern durch konstruktives Feedback sich richtig einzuschätzen, Teamrollen entsprechend ihrer persönlichen Fähigkeiten zu besetzen und sich über die Unterschiede hinweg zu unterstützen. Binden Sie in Teilprojekten Mitarbeiter

mit komplementären Begabungen zusammen; in funktionierenden Teams wird die Verschiedenheit als anregende Herausforderung gesehen.

- **Rollenflexibilität:** Fördern Sie die Rollenflexibilität. Gerade wenn die verborgenen Qualitäten der Mitarbeiter ans Licht kommen, entsteht oft eine positive Energie, und Veränderungen werden als Chancen begriffen. Dies gilt auch für die Führungsrolle: Überlassen Sie begabten Mitarbeitern in Teilbereichen die Führung!
- **Teamziele:** Formulieren Sie klare Teamziele und stellen Sie das Gesamtziel über die Einzelleistungen – erkennen Sie aber ausdrücklich den individuellen Beitrag der Mitarbeiter zum übergeordneten Ziel an.
- **Teamgröße:** Achten Sie auf eine effiziente Größe der Teams. Fünf Köpfe und mehr bieten ein Höchstmaß an Kreativität, über neun wird es wieder schwierig, vertiefend zu diskutieren. Bilden Sie wechselnde Arbeitsgruppen zu speziellen Themen, um die Teamgröße im Rahmen zu halten.

Einzel- oder Teamarbeit?

Es wäre verfehlt, für jede Aufgabe ein Team zu bilden. Im Alltag stehen Führungskräfte ständig vor der Frage, wie viele Mitarbeiter sie in eine Entscheidung oder in die Erfüllung eines Auftrags einbeziehen sollen. Viele Arbeiten lassen sich von einer einzelnen Person effizienter erledigen als von einer Gruppe, deren Verständigungsprozesse unweigerlich Zeit kosten.

- Einzelarbeit ist Teamarbeit immer dann vorzuziehen, wenn die Aufgabe klar abgegrenzt werden kann, wenig Schnittstellen zu anderen Fachgebieten aufweist und keine Folgen auf lange Sicht zeitigt, die das Gesamtteam zu verantworten hat.
- Teamarbeit ist bei allen strategischen Fragestellungen vorzuziehen, da viele Augen mehr sehen, außerdem dann, wenn die Komplexität der Aufgabe es erfordert, dass unterschiedliches Expertenwissen zusammenkommt.

Aufgaben der Teamleitung

Insbesondere die Führung von Teams verlangt es, dass die Führungskraft sich selbst zurücknimmt und ihre Aufmerksamkeit auf die Mitarbeiter richtet. Eitelkeit und ein übertriebenes Kontrollbedürfnis verhindern den Führungserfolg! Eine gute Teamleitung wird sich als Coach definieren, dessen Aufgabe vorrangig darin besteht, die Mitarbeiter und die sozialen Prozesse innerhalb des Teams zu unterstützen.

Ob Sie als Führungskraft im Rahmen der oben beschriebenen Führungsrollen sich stärker als Gestalter oder als Koordinator sehen, hängt von Ihrer Persönlichkeit ab. Wichtig ist allein, dass Sie bereit sind, den anderen Raum zu lassen und Verantwortung abzugeben.

Folgende Aufgaben stehen im Mittelpunkt:

- gemeinsame Ziele formulieren,
- die Teammitglieder koordinieren,

- Arbeitsstrukturen und Prozesse vereinbaren,
- die Teammitglieder kritisch unterstützen,
- Konflikte bereinigen,
- das Team nach außen repräsentieren,
- Erfolge feiern,
- die ständige Weiterqualifizierung fördern.

Besprechungen moderieren

Jeder kennt das: In unzähligen Meetings geht viel Zeit verloren! Vor lauter Sitzungen bleibt die eigentliche Arbeit liegen. Und doch gibt es keine Alternative: Besprechungen müssen sein. Die Arbeit in Gruppen wird immer wichtiger, Informationen müssen zwischen immer mehr Menschen ausgetauscht und die Arbeit der Spezialisten muss koordiniert werden. Wie können Besprechungen effizient und ergebnisorientiert gestaltet werden?

Der Schlüssel hierzu ist eine gute Moderation, das heißt die zielgerichtete Steuerung des Besprechungsablaufs. Sie ermöglicht es den Teilnehmern eines Meetings, ihre unterschiedlichen Fähigkeiten und Erfahrungen geltend zu machen und an der Erarbeitung des gewünschten Besprechungsergebnisses mitzuwirken.

Vier Prinzipien der Moderation

1. **Partizipation:** Lösungen werden durch die gemeinsame und gleichberechtigte Arbeit der Besprechungsteilnehmer entwickelt. Die Moderation unterstützt den Weg zum Ziel.
2. **Eigenverantwortung:** Die Teilnehmer tragen selbst die Verantwortung für das Einbringen ihrer Fachkompetenz, ihrer Sichtweisen und Bedürfnisse. Sie sprechen auf eine konstruktive Weise für sich und ihren Arbeitsbereich und fragen nicht nach dem Erwarteten oder Erlaubten. Sie übernehmen Verantwortung für die eigenen Interessen ebenso wie für die Gruppe und das Thema.
3. **Gleichberechtigung:** Unabhängig von seiner Position in der Hierarchie bekommt jeder gleichen Raum und gleiches Stimmrecht.
4. **Transparenz:** Die Meinungsbildung, die Zusammenarbeit und die Entscheidungsfindung werden so gestaltet, dass die Prozesse für alle nachvollziehbar sind.

Die Rolle der Besprechungsmoderation

Angesicht der oben genannten Prinzipien regt sich vielleicht Widerspruch: Ihre Erfahrungen besagen, dass Teilnehmer nicht immer eigenverantwortlich handeln, Wortmeldungen nicht gleich behandelt werden, der Prozess ohne erkennbaren roten Faden gesteuert wird und die Besprechung eher zur Selbstdarstellung weniger als zur gemeinsamen Meinungsbildung aller genützt wird.

Besprechungen kranken oft an mangelnder Führung. Doch auch das praktizierte Führungsverständnis kann einem gelungenen Ablauf im Wege stehen. Klassische Besprechungen waren Veranstaltungen, in denen der Chef den Mitarbeitern seine Vorstellungen darlegte. Demgegenüber sind Besprechungen heute Instrumente der Teamarbeit. Dies zeigt sich auch im Wechsel des Rollenverständnisses: Sprach man früher von der Besprechungsleitung, so spricht man heute von der Besprechungsmoderation. Die folgende Gegenüberstellung gibt Ihnen Hinweise auf die Rolle, die zu Ihrem Führungsstil und der Besprechungssituation passt.

Der Leiter ist …	Der Moderator ist …
hierarchisch Vorgesetzter	Dienstleister der Gruppe
für den Inhalt verantwortlich	Initiator und Koordinator
Experte in der Sache	Experte für Methoden
Beurteiler, Entscheider	Katalysator
Ermahner bei Unsachlichkeiten	Mediator in Konflikten

> Ein Moderator ist dann am besten, wenn die Menschen kaum wissen, dass er existiert. Nicht so gut, wenn die Menschen ihm gehorchen oder zujubeln. Schlecht, wenn sie ihn verachten. (Nach Laotse)

Wann moderieren?

Je nach der Art beziehungsweise dem Zweck der Besprechung liegt ein mehr leitender oder mehr moderierender Stil nahe.

- **Information:** Die reine Information steht im Vordergrund, Verständnisfragen sind notwendig, Lösungen müssen nicht gemeinsam erarbeitet werden. Sie können Zeit sparen, indem Sie Präsentationstechniken verwenden und das Gespräch straff leiten.
- **Problemlösung:** Beziehen Sie Experten mit unterschiedlichen Sichtweisen auf das Problem ein. Eröffnen Sie beurteilungsfreie Räume, in denen jeder Ideen spinnen kann. Fördern Sie die gleichberechtigte Kommunikation untereinander durch Moderationstechniken, die das Problemverständnis der Gruppe vertiefen und die Kreativität anregen.
- **Entscheidung:** Klären Sie zu Beginn, in welchem Ausmaß die Besprechungsteilnehmer an der Entscheidung beteiligt werden. Je nach dem, welche Art der Beteiligung vorgegeben ist, werden Sie die Entscheidungsfindung straff leiten oder als offenen Prozess moderieren.

Die zielgerichtete Vorbereitung

In der Praxis nehmen wir uns selten genügend Zeit für die Vorbereitung. Die vermeintlich eingesparte Zeit geht allerdings meist ganz schnell wieder verloren, wenn es während der Besprechung zu ausufernden Diskussionen kommt.

> Die Klarheit und Ruhe, die Sie durch die gute Vorbereitung einer Besprechung für sich gewinnen, überträgt sich auf die Teilnehmer und erleichtert die Moderation.

Inhaltliche Vorbereitung

Hier stehen vier Fragen im Zentrum:

- Ist der Auftrag genau definiert?
- Was ist das Ziel der Besprechung?
- Bin ich als Moderator mit dem Thema vertraut? Was muss ich dazu noch in Erfahrung bringen?
- Sind die Tagesordnung und die Materialien zur inhaltlichen Vorbereitung an die Teilnehmer weitergegeben worden?

Teilnehmer bestimmen

Wählen Sie die Teilnehmer sorgfältig aus, denn jedes unmotivierte Besprechungsmitglied stört den Ablauf und kostet Zeit. Kriterien für die Auswahl sind:

- Verfügt der Mitarbeiter über das nötige Fachwissen?
- Ist er von den Entscheidungen direkt betroffen?
- Ist er aus »politischen« Gründen unverzichtbar?
- Repräsentiert er Informationen oder Meinungen, die für die Abstimmung notwendig sind?
- Ist die Anzahl der Teilnehmer der Aufgabe angemessen?
- Wer sollte über die Besprechung zumindest informiert werden?

Methodische Vorbereitung

- Welche Elemente sind für einen zielgerichteten Ablauf wichtig?
- Welche Methoden und Materialien sind für die Steuerung des Gruppenprozesses sinnvoll?
- Wie sollen Inhalte visualisiert und dokumentiert werden?

Organisatorische Vorbereitung

- Sind Zeit und Ort festgelegt?
- Ist eine Sitzordnung bestimmt, die entsprechend der Inhalte und Methoden die Arbeit mit Moderationsmaterialien ermöglicht?
- Stehen die Arbeitsmittel und Geräte bereit?
- Ist für Verpflegung und Pausen gesorgt?

Die sechs Phasen der moderierten Besprechung

Phase 1: Eröffnung

Die Arbeitsfähigkeit einer Gruppe ist erst dann gegeben, wenn die Grundbedürfnisse des Menschen nach Orientierung, Sicherheit und Anerkennung gestillt sind. Dies ist die eigentliche Moderationsaufgabe zu Beginn einer Besprechung. Geben Sie mit einer Agenda Orientierung über Inhalte und Ablauf. Klären Sie durch vorbildhaftes »walking like talking« oder durch ausgesprochene Regeln, wie die Zusammenarbeit ausschauen soll. Starten Sie mit einer wertschätzenden und motivierenden Anmoderation ins Thema.

BEISPIEL: ANMODERATION

Trocken: »Schön, dass Sie wieder der Einladung gefolgt sind.«

Lebendig: »Ich freue mich, dass Sie sich Zeit genommen haben, um mehrere wichtige Entscheidungen miteinander erarbeiten zu können. Lassen Sie mich mit einem Bild ins Thema einführen …«

> Geben Sie der Einstiegsphase einen spielerischen Charakter. Wichtig ist noch nicht das Thema, sondern dass die Teilnehmer auf das Thema neugierig werden und Vertrauen zueinander aufbauen. Nutzen Sie die Kraft der Bilder, eine beispielhafte Erfahrung oder eine provozierende These zur Animation.

Phase 2: Vorstellung/Aufstellung der Tagesordnung

In einer klassischen Besprechung wird bereits eine Liste mit Tagesordnungspunkten vorliegen. Stimmen Sie zur Orientierung der Teilnehmer die Besprechungspunkte nochmals ab. Es gibt vermutlich nicht nur einen, der sich auf die Besprechung nicht vorbereiten konnte …

In einer Moderation, die möglichst viele Details unter Einbeziehung der Betroffenen erarbeitet, werden die einzelnen Diskussionspunkte oft erst mit den Teilnehmern zusammengetragen. Dies hat den Vorteil, dass die die persönliche Identifikation mit den Themen wächst.

Parallel zu den ersten inhaltlichen Aussagen klären die Teilnehmer jetzt unterschwellig ihre Position in der Gruppe und die geltenden Regeln. Achten Sie auf die Atmosphäre, die Kultur des

Miteinanders. Sprechen Sie Störungen an, um arbeitsfähig zu werden.

Phase 3: Bearbeitung der Themen

Klären Sie zunächst, was das Ziel der gemeinsamen Arbeit ist. Um welche Art der Besprechung geht es nun? Sollen nur Informationen ausgetauscht werden? Oder müssen Probleme analysiert und Lösungen gefunden werden? Haben die Teilnehmer beratende Funktion oder sind sie zur Mitentscheidung aufgefordert?

Für die Bearbeitung haben Sie je nach Auftrag und Situation ein ganzes Bündel an Methoden zur Verfügung, zum Beispiel:

- Fragetechniken und »Fragefolgen« (zum Beispiel Fadenkreuz),
- Pinwandtechnik zur Visualisierung,
- Kreativitätstechniken zur Perspektivenerweiterung,
- Arbeit in kleinen Untergruppen oder im Plenum.

Phase 4: Sammlung der Lösungen, Beschlussfassung

Nachdem das Thema aus unterschiedlichen Blickwinkeln beleuchtet und diskutiert wurde, werden jetzt Lösungen gesammelt. Trennen Sie die Lösungssuche von der Beurteilung der Lösungsqualität. Die Gefahr ist zu groß, dass im Kern gute Lösungsansätze aufgrund nebensächlicher, noch nicht geklärter Details im Keim erstickt werden und der Ideengeber dies persönlich nimmt.

Verständigen Sie sich vor der Bewertung auf gemeinsame Beurteilungskriterien. Die Gruppe wird sich unter dieser Voraussetzung mit dieser sensiblen Phase leichter tun. Das grundsätzliche Bewertungskriterium ist das im Auftrag beschriebene Ziel.

> Fragen Sie nach der Beschlussfassung diejenigen, die ihre Schwierigkeiten mit der Lösung signalisiert haben, in welchem Ausmaß sie die Umsetzung der Lösung mittragen können. Auch wenn Sie keine genaue Antwort erhalten, können Sie Skeptiker so ins Boot holen.

Phase 5: Planung von Maßnahmen

Nun geht es um die Handlungsorientierung. Ergebnisse und Lösungen müssen in konkrete Arbeitspakete übersetzt, diese müssen gegliedert, zeitlich definiert und auf Mitarbeiter aufgeteilt werden. Je enger die Teilnehmer in die Lösungssuche einbezogen waren, umso mehr engagieren sie sich bei der Umsetzung.

Die Planung wird im Protokoll oder einem gesonderten Aktionsplan festgehalten. Vergessen Sie nicht die Planung der Kontrolle. Bedenken sie dabei: Je konkreter die Arbeitspakete vereinbart werden, umso leichter können sie umgesetzt und kontrolliert werden.

BEISPIEL: KONTROLLE PLANEN

Schlecht: »Wir treffen uns demnächst, um den Lagerbestand zu überprüfen.«

Besser: »Herr Epping und Herr Maier treffen sich morgen um 10 Uhr in der Lagerhalle B, um die Bestände XY zu überprüfen. Die Rückmeldung erfolgt bis …«

Phase 6: Abschluss

Die inhaltliche Arbeit ist beendet. Jenseits der Sache ist es wichtig, die Zusammenarbeit nun positiv zu beenden. Dazu gehören die folgenden Punkte:

- offen gebliebene Fragen zusammentragen,
- das Ergebnis würdigen und je nach Art feiern,
- die Zusammenarbeit kurz reflektieren,
- klären, wie es weitergeht und wann das nächste Treffen stattfindet,
- Zeit für persönliche Abschiede geben.

Methoden der Besprechungsmoderation

Fischgrätentechnik

Mit dieser Methode unterstützen Sie die Gruppe bei der Analyse der Ursachen eines Problems und vermindern die Gefahr, dass sie sich auf unwichtige Nebenschauplätze verirrt. Erarbeiten Sie zunächst die Überschriften der einzelnen Gräten, dann die Details.

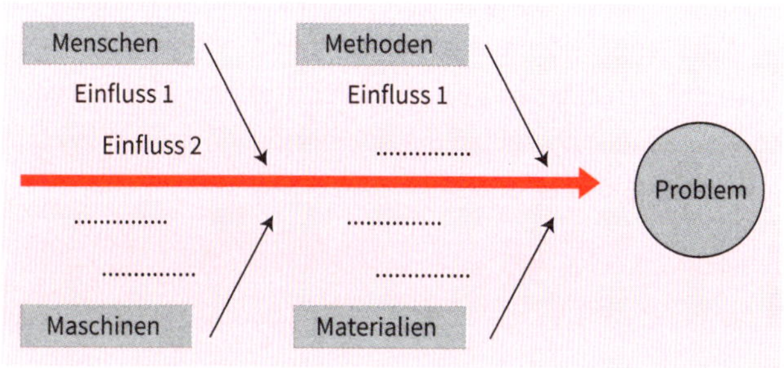

Fragefolgen

Nach der Problemanalyse folgt die Phase der umsetzungsorientierten Bearbeitung der Themen. Hierzu bieten sich in einem Fadenkreuz gebündelte Fragefolgen an, die das Denken nach vorn führen und die Gefahr vermindern, dass sich die Gruppe in Einzelfragen verzettelt. Entwerfen Sie je nach Thema eigene Überschriften.

BEISPIEL: FADENKREUZ ZUR BÜNDELUNG VON FRAGEN

1. Probleme: …	2. Ziele: …
3. offene Fragen: …	4. Lösungsvorschläge: …

Umgang mit Einwänden

Hinter einem Einwand können unterschiedliche Absichten stehen: Er kann ernsthaft, ablehnend, wichtigtuerisch oder ironisch gemeint sein. Der Ton macht die Musik.

Hören Sie auf die Stimmung, in der der Einwand vorgetragen wird, um angemessen reagieren zu können. Dabei können Sie auch den berechtigten Kern eines konstruktiven Einwands aufspüren. Keinesfalls sollten Sie sich persönlich angegriffen fühlen. Fragen Sie ruhig und sachlich nach.

> Einwände sind für sich genommen noch kein schlechtes Zeichen. Sie zeugen vielmehr von Engagement.

Im Umgang mit Einwänden sind die folgenden Vorgehensweisen hilfreich:

- Signalisieren Sie auf den Einwand ein bedingtes Verständnis. Sie gewinnen dadurch Zeit und vermeiden die Konfrontation.
- Fordern Sie dazu auf, die Hintergründe und Erfahrungen zu schildern. Dies relativiert den Einwand meistens.
- Fassen Sie die Kernaussage mit wertschätzenden Worten zusammen. Dies trennt den diskutierbaren Inhalt von der störenden Bewertung.
- Lassen Sie den Einwandgeber oder die Gruppe das Für und Wider und die Folgen des Einwands reflektieren. Dadurch bleiben Sie in Ihrer Moderatorenrolle geschützt.
- Notbremse: »Ich höre Ihren Einwand. Was schlagen Sie vor?«

BEISPIEL: KONSTRUKTIVE REAKTION AUF EINEN EINWAND

Auf einen Einwand wie »So wie Sie das vorschlagen, ist das nicht realisierbar!« können Sie antworten: »Okay, dann lassen Sie uns darüber sprechen, welche Details aus Ihrer Sicht problematisch sind und welche Verbesserungsideen Sie haben.«

Visualisierung

»Ein Bild sagt mehr als tausend Worte!« Wesentliche Fragen, Inhalte und Zwischenergebnisse einer Besprechung sollten Sie visualisieren. Die Aufmerksamkeit der Teilnehmer wird dadurch auf das augenblickliche Thema konzentriert, und die Diskussionen verlaufen ohne großen Aufwand deutlich zielgerichteter. Flipcharts sind das passende Werkzeug dafür.

Visualisieren ...

- ist eine Verständigungshilfe,
- konzentriert die Aufmerksamkeit auf Wesentliches,
- lassen sich Inhalte, Prozesse, Wertungen und Gefühle,
- ermöglicht Transparenz und Partizipation.

Checkliste: Effiziente Besprechung

- **Vorbereitung:** Inhalte, Abläufe und Organisatorisches sind festgelegt, die Teilnehmer sind ausgewählt.
- **Zielorientierung**: Das Ziel ist den Teilnehmern bekannt. Der Ablauf ist an den Zielen ausgerichtet.
- **Zeitmanagement:** Für die einzelnen Themen ist ein verbindlicher Zeitrahmen festgelegt.
- **Selbstdisziplin:** Alle Teilnehmenden konzentrieren sich auf das Wesentliche und übernehmen Verantwortung für ihr Verhalten in der Gruppe.
- **Visualisierung:** Ziele, Zwischenergebnisse, Prozesse sind durch Visualisierung für alle sichtbar gemacht.
- **Ergebnissicherung:** Die Ergebnisse sind in einem Protokoll dokumentiert. Arbeitspakete für die Umsetzung sind im Aktivitätenplan festgehalten.

Interessenkonflikte lösen

Unterschiedliche Ansichten und Konflikte sind ein unvermeidlicher Bestandteil unseres Alltags. Viele Verhandlungen sind aber eigentlich schon zu Ende, noch bevor sie begonnen haben. Der (un-)gesunde Menschenverstand verführt uns dazu, am Beginn eines Streits der anderen Partei als Erstes einmal unsere Position mitzuteilen. Konstruktive Verhandlungen beruhen im Wesentlichen auf vier einfachen Prinzipien.

Interessen verhandeln statt Positionen

BEISPIEL: EIN KONFLIKT FÜHRT IN EINE SACKGASSE

Herr Luft und Herr Krankl arbeiten zu zweit in einem Büro. Sie streiten sich um die Lüftung des Raums.

Herr Luft sagt: »Das Fenster muss geöffnet werden.« Herr Krankl erwidert: »Das Fenster bleibt zu!«

Eine konstruktive Verhandlung ist kaum mehr möglich, weil beide Seiten ihren Standpunkt schon festgelegt haben. Die Atmosphäre ist angespannt. Die Schwierigkeit liegt darin begründet, dass die Kontrahenten lediglich ihre Positionen erklärt haben.

Eine Position ist streng genommen eine vorweggenommene, nicht verhandelte Lösung, die noch dazu dem Verhandlungspartner als Forderung präsentiert wird. Die Behauptung der Positionen bringt eine Reihe von Nachteilen mit sich:

- Positionen kennen oft nur ein Entweder-oder.
- Der Kreis der möglichen Lösungen wird dadurch stark eingeschränkt.
- Die Parteien legen sich schon zu Anfang auf eine Aussage fest.
- Positionen haben meistens einen fordernden Charakter, auf den die andere Partei mit Abwehr reagiert.

- Die Parteien erfahren wenig über die Bedürfnisse und Motive der Gegenseite, was wiederum die Suche nach Lösungsoptionen erschwert.
- Positionsbehauptungen verhärten die Fronten atmosphärisch und in der Sache.

Von den Positionen sind strikt die persönlichen Interessen, die eigentlichen Anliegen oder anders gesagt, die ursprünglichen Bedürfnisse zu unterscheiden.

BEISPIEL: DAS MOTIV HINTER DER POSITION

Das eigentliche Interesse von Herrn Luft lautet ausgesprochen:

»Ich werde gerade müde, mit frischer Luft könnte ich besser weiterarbeiten.« Das tiefer liegende Bedürfnis von Herrn Krankl lautet: »Ich spüre erste Anzeichen einer Erkältung und habe Angst, im kühlen Luftzug krank zu werden.«

Die Offenbarung der persönlichen Interessen wirkt sich grundsätzlich positiv auf die Lösungssuche und die Atmosphäre aus. Man versteht die Bedürfnisse und Motive des anderen. Bedürfnisse (»gesund bleiben«) sind zunächst immer positiv und dadurch leicht wertzuschätzen. Dies wiederum trägt zur Entspannung der Verhandlungsatmosphäre bei. Hinzu kommt, dass Anliegen Ich-Botschaften sind, die den anderen nicht bedrohen und ihm die Freiheit lassen, zu verhandeln. Und letztlich gibt es für Interessen meist viele Lösungsmöglichkeiten. Auch dies erleichtert die Verhandlung.

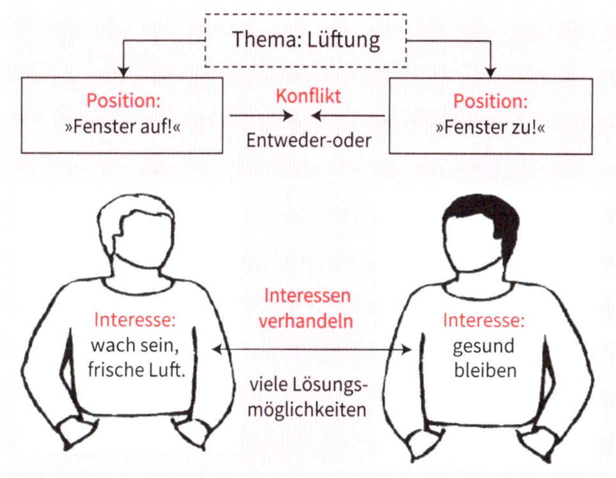

Der Unterschied zwischen Positionen und Interessen

BEISPIEL: INTERESSEN IN EINKLANG BRINGEN

Herr Luft und Herrn Krankl können ihre Interessen durch eine Vielzahl von Lösungen in Einklang bringen: Stoßlüftung während der Kaffeepause, Plätze am Fenster tauschen, die Tür zum Nebenzimmer öffnen.

So fördern Sie die Einigung

Eine Meinungsverschiedenheit ist noch kein Konflikt. Man diskutiert, hört zu und einigt sich schließlich auf vernünftige Weise. Bleibt die Einigung aus, so wird die Beziehung gestört, und es wird künftig schwer sein, in der Sache aufeinander zuzugehen.

Scheuen Sie sich nicht, zunächst darüber zu sprechen, was zwischen Ihnen steht und die Kommunikation blockiert. Erst wenn Sie diese Blockade gelöst haben, ist eine faire Kommunikation über unterschiedliche sachliche Einschätzungen möglich.

Eine akzeptable Lösung muss die Interessen beider Verhandlungspartner berücksichtigen. Sammeln Sie möglichst viele Optionen, um die Wahrscheinlichkeit zu erhöhen, dass beide Seiten sich in der Lösung wiederfinden. Eine Entscheidung, die auf versteckten Vorlieben oder einer überlegenen Machtposition beruht, ist ein schlechter Kompromiss. Legen Sie Ihre Bewertung der Lösungen offen und vereinbaren Sie gemeinsame Beurteilungskriterien.

Teil 2: Training Führungstechniken

Das ist Ihr Nutzen

Sie haben Personalverantwortung, führen ein Team oder sind Projektleiter? Sie wollen Sicherheit gewinnen, wie Sie Ihre Mitarbeiter wertschätzend führen und motivieren können? Sie wollen sie überzeugen und gemeinsam mit ihnen Ziele erreichen? Sie müssen jeden Tag neuen Erwartungen gerecht werden, dynamische Prozesse schnell erfassen und Entscheidungen zielgerichtet und nachhaltig treffen?

Dieser TaschenGuide unterstützt Sie darin, all diese Herausforderungen einer Führungskraft zu meistern. Sie lernen, unterschiedliche Techniken auszuprobieren und in Ihre Führungskompetenz zu integrieren. Sie können durch Tests Ihren Führungsstil bestimmen und Ihre Mitarbeiter besser einschätzen. So können Sie situationsadäquat und souverän Ihren Führungsalltag bewältigen. Das kompakte Trainingsprogramm bietet Ihnen die Möglichkeit, Ihren eigenen Weg und Ihren individuellen Kompass zu finden, der Sie, Ihre Mitarbeiter und das Unternehmen sicher zum Erfolg navigiert.

Begleiten Sie Peter Bosse bei seinen ersten Schritten als Abteilungsleiter in einem Großhandelsunternehmen für Baustoffe. Seine Mitarbeiter sind: Rosi Rot, Teamassistentin; Jürgen Blaubart, Kundenberater; Fredi Grünwald, Sachbearbeiter. Aus Gründen der besseren Lesbarkeit verwenden wir bei allgemeinen Aussagen über Mitarbeiter entweder die männliche oder die weibliche Form. Selbstverständlich ist aber immer auch die jeweils andere Form gemeint.

Führungspersönlichkeit entwickeln

In diesem Kapitel erfahren Sie,

- wie Ihre Persönlichkeit Ihr Führungsverhalten beeinflusst,
- wie Sie Ihr Führungsverhalten einschätzen können,
- wie sich Ihre persönlichen Stärken und Schwächen als Führungskraft identifizieren lassen,
- wie Sie die unterschiedlichen Erwartungen an Sie ausbalancieren können.

Darum geht es in der Praxis

Bei Führungskräften wird nach wie vor auf herausragende Fachkompetenz sowie hohe Leistungsbereitschaft Wert gelegt. Die Anforderungen an die Persönlichkeit einer Führungskraft sind nur sehr schwer in konkreten Ergebnissen messbar und werden deshalb zu wenig beachtet. Ein Blick hinter die Kulissen zeigt indes: Ob die Mitarbeiter motiviert und engagiert arbeiten, steht und fällt mit der Führungspersönlichkeit des Chefs.

Wenn Sie als Führungskraft erfolgreich sein wollen, ist es für Sie von grundlegender Bedeutung, sich über die eigene Wirkung auf Ihre Mitarbeiter im Klaren zu sein. Folgende Fragen sollten Sie sich immer wieder stellen: Was sind meine persönlichen Stärken und Schwächen? Stimmt das Bild, das ich von mir selbst habe, mit den Wahrnehmungen meiner Mitarbeiter überein? Kenne ich alle Erwartungen, die an mich als Führungskraft gestellt werden? Und wie kann ich diese Erwartungen mit meinen eigenen Ansprüchen unter einen Hut bringen?

Erfolgreiche Führungskräfte setzen sich laufend mit diesen Fragen auseinander und entwickeln dadurch ihre Persönlichkeit kontinuierlich weiter. Die Tests und Übungen in diesem Kapitel unterstützen Sie darin, eine erste Standortanalyse durchzuführen.

Wie praktizieren Sie Führung?

Test: Führungskompetenzen

Übung 1

10 min

Bewerten Sie die folgenden Aussagen nach Ihrem Selbstverständnis (trifft voll zu = 3, trifft zum Teil zu = 2, trifft weniger zu = 1, trifft gar nicht zu = 0). Kreuzen Sie sie zunächst nur an.

	3	2	1	0	Pkt.
Ich bin stolz, eine Führungskraft zu sein.					
Unangenehmes packe ich direkt an.					
Meine Karriere habe ich geplant.					
Meine Mitarbeiter wissen genau, was ich von ihnen erwarte.					
In kritischen Situationen bleibe ich ruhig und gelassen.					
Mir ist wichtig, dass meine Mitarbeiter mir vertrauen.					
Ich kenne die Stärken und Schwächen meiner Mitarbeiter sehr gut.					
Andere hören mir gern zu und fragen mich nach meiner Meinung.					
Meine Mitarbeiter dürfen Fehler machen, wenn sie daraus lernen.					
Ich stehe gern im Mittelpunkt.					

	3	2	1	0	Pkt.
Konflikte bergen immer auch Chancen.					
Ich hole mir regelmäßig Feedback von anderen ein.					
Ich zeige offen meine Schwächen.					
Der Überblick über das Ganze ist mir wichtiger als ausgeprägtes Detailwissen.					
Meine Mitarbeiter dürfen fachlich besser sein als ich.					
Mich interessiert der persönliche Hintergrund meiner Mitarbeiter.					
Bei der Beurteilung anderer sehe ich zumeist mehr Stärken als Schwächen.					
Ich erkenne die Gefühle und Bedürfnisse bei anderen, auch ohne dass diese geäußert werden.					
Ich habe eine klare Vorstellung davon, wo ich in zehn Jahren beruflich stehen werde.					
Neue und herausfordernde Aufgaben spornen mich an, auch wenn das Ergebnis ungewiss ist.					
Ich kenne die Einflussfaktoren auf meine Eigenmotivation genau und steuere diese bewusst.					
Ich kenne meine persönlichen Stärken und Schwächen sehr gut.					
Regelmäßige Fortbildungen sind für mich selbstverständlich.					

	3	2	1	0	Pkt.
Ich tausche mich regelmäßig mit anderen über meine beruflichen Probleme aus.					
Ein stabiles soziales Umfeld mit Familie, Freunden und Bekannten, das mich in schwierigen Situationen stützt, ist mir wichtig.					
Ich vermeide Dinge, die meiner Gesundheit schaden.					
Ich achte auf eine Balance zwischen Arbeits- und Privatleben.					
Mir ist die Arbeitszufriedenheit meiner Mitarbeiter wichtig.					
Meine Mitarbeiter dürfen Regeln brechen, wenn dies der Sache dient.					
Meine Mitarbeiter geben mir auch kritische Rückmeldungen.					
Summe					

Auswertung

Tragen Sie nun in der Spalte rechts außen Ihre jeweilige Punktzahl ein und ermitteln Sie die Gesamtsumme.

60–93 Punkte

Glückwunsch, Sie verfügen über eine gute Ausgangsbasis, um als Führungskraft erfolgreich zu sein. Ihre persönlichen Einstellungen unterstützen Sie dabei, andere Menschen souverän zu führen. Natürlich gibt es immer Themen, in denen man sich verbessern kann – und eine gute Führungskraft hört nie auf, daran zu arbeiten. Nutzen Sie die Übungen in diesem Buch, um Ihre Kompetenzen zu festigen und Schwachstellen zu beheben.

30–59 Punkte

Sie bringen gute Voraussetzungen mit, um als Führungskraft zu bestehen. In einigen Bereichen könnten Sie souveräner werden, um auch kritische Führungssituationen professionell zu meistern. Nutzen Sie dieses Buch und weitere Möglichkeiten wie Führungsseminare, Coaching oder kollegiale Beratung, um Ihre Führungspersönlichkeit weiterzuentwickeln.

0–29 Punkte

Ihr Verständnis von Führung ist weniger dazu geeignet, andere zu begeistern und zu motivieren. Sie sollten kritisch hinterfragen, ob eine Karriere als Führungskraft das Richtige für Sie ist. Eventuell kommen Ihre Kompetenzen in einer Fachlaufbahn besser zur Geltung.

Von der Fach- zur Führungskraft

Übung 2
5 min

Peter Bosse war in seinem Team der Spezialist für alle Fachfragen. Nach der Pensionierung des Abteilungsleiters wurde er von der Geschäftsleitung zum Nachfolger ernannt.

Nach einem halben Jahr war Peter Bosse nahe daran, den Job zu kündigen: »Als ich noch Mitarbeiter war, konnte ich mich intensiv mit Fachfragen auseinandersetzen. Jetzt verbringe ich die Hälfte meiner Zeit damit, Umsätze zu planen und in Meetings zu sitzen, und den Rest der Zeit kümmere ich mich um die Probleme meiner Mitarbeiter.«

1. Überlegen Sie, welche Aufgaben Peter Bosse in den Verantwortungsbereichen Mitarbeiterführung und Planungs- und Berichtswesen zu bewältigen hatte.
2. Wie wirkt sich der Wechsel auf seine Stellung als Fachspezialist aus? Steigt die Bedeutung der Fachkompetenz mit dem beruflichen Wechsel in die Führungsverantwortung oder nimmt sie ab?

Lösungstipp

Die Führung von Mitarbeitern beschränkt sich heute nicht mehr nur auf das Verteilen von Aufgaben. Ein Vorgesetzter zu sein, der zeigt, »wo es langgeht«, reicht nicht aus. Vielmehr sind Sie als Chef auch Berater, Partner und Coach Ihrer Mitarbeiter.

Lösung

Peter Bosses Aufgaben bei der Mitarbeiterführung sind:

- Mitarbeiter auswählen,
- Leistungen beurteilen,
- Aufgaben delegieren,
- Feedback geben,
- motivieren und Konflikte im Team klären.

Peter Bosse ist verantwortlich für einen Beitrag zum Unternehmenserfolg. Wird dieser geplant und kontrolliert, so sollte Herr Bosse in den Planungsprozess einbezogen werden. Damit gehören auch Planung der Umsatz- und Ergebnisentwicklung, Analyse der Planabweichungen, Personaleinsatzplanung, Investitionsplanung und die Planung der Mitarbeiterziele zu seinen Aufgaben.

1. Die Rolle als Fachspezialist tritt mit steigender Hierarchiestufe in den Hintergrund. Für Führungskräfte gewinnt es an Bedeutung, größere Zusammenhänge zu sehen und den Überblick – über die Bereichsgrenzen hinweg – zu behalten.
2. Peter Bosse ist für die gesamte Abteilung verantwortlich. Wichtig ist nun, dass er sich mit allen Fachthemen in seiner Abteilung auseinandersetzt und über die wesentlichen Entwicklungen auf dem Laufenden ist. Um den nötigen Freiraum hierfür zu erhalten, sollte er die Fachverantwortung auf Mitarbeiter in seiner Abteilung übertragen.

Vom Kollegen zum Vorgesetzten

Übung 3

5 min

Peter Bosse wurde überraschend zum Abteilungsleiter ernannt. Er war erst seit einem Jahr im Unternehmen und hatte nicht mit diesem Karriereschritt gerechnet. Ganz anders Jürgen Blaubart, der bereits seit zehn Jahren erfolgreich als Kundenberater in der Firma ist und erwartete, dass ihm die Führungsaufgabe übertragen wird. Offen lässt sich Jürgen Blaubart nichts anmerken, doch Peter Bosse vermutet, dass Jürgen Blaubart tief enttäuscht ist. So meidet dieser den Kontakt mit ihm und reduziert sein Engagement als Kundenberater auf das Nötigste.

Die Abteilungsleiterkollegen kommen einmal wöchentlich zu einem Meeting zusammen. Auch in diesem Kreis fällt es Peter Bosse schwer, Fuß zu fassen. Einige Kollegen scheinen ihn schlicht zu ignorieren, andere zeigen offen Unverständnis dafür, dass ein »Neuling« nun Abteilungsleiter geworden ist.

Was kann Peter Bosse konkret tun, um sowohl seinen enttäuschten Mitarbeiter als auch seine Abteilungsleiterkollegen für sich zu gewinnen?

Lösung

Um von seinen Mitarbeitern und Abteilungsleiterkollegen schnell akzeptiert zu werden, sollte Peter Bosse Einzelgespräche mit allen führen. Diese helfen, Vorurteile abzubauen, Erwartungen abzugleichen und eine Arbeitsbasis zu jedem Einzelnen herzustellen.

Versetzen Sie sich innerlich in die Lage der Mitarbeiter oder der Abteilungsleiterkollegen. Neben der Enttäuschung über die verpasste Beförderung können auch Unsicherheit bezüglich des zukünftigen Führungsstils oder Bedenken hinsichtlich der eigenen Rolle im Team belastend sein.

Umso wichtiger ist es, den Kollegen und Mitarbeitern offen zu begegnen und Probleme direkt anzusprechen. Fragen, die es in den ersten Gesprächen zu klären gilt, sind:

- Was läuft aus Ihrer Sicht gut? Was weniger gut?
- Was sind Ihre Erwartungen an mich als Chef/Kollege?
- Wie stellen Sie sich die Zusammenarbeit mit mir vor?
- Welche Probleme sind aus Ihrer Sicht am dringendsten?
- Mit welchen Kollegen klappt die Zusammenarbeit gut? Mit welchen weniger gut, und warum?
- Was sollte beibehalten und was verändert werden?

> Wichtiger, als die eigenen Vorstellungen und Ziele schnellstmöglich zu kommunizieren, ist es, zuzuhören und Fragen zu stellen. So verschaffen Sie sich einen Überblick und bauen Vertrauen auf.

Den Einfluss Ihrer Persönlichkeit erkennen und steuern

Test: Ihr Menschenbild kennen

Übung 4

5 min

Die Art und Weise, wie Sie Ihre Mitarbeiter führen, hängt in entscheidendem Maße davon ab, welches Menschenbild Sie haben. Dieses Bild steuert, wie Sie im Arbeitsalltag Ihre Mitarbeiter wahrnehmen. Kreuzen Sie an, welche der Aussagen Ihrer eigenen Sichtweise am ehesten entspricht.

Von Natur aus sind Menschen wie folgt:			
Sie versuchen, Arbeit möglichst zu vermeiden.		Sie lieben die Arbeit und suchen sie.	
Sie müssen von anderen kontrolliert und motiviert werden.		Sie können sich selbst kontrollieren und motivieren.	
Sie mögen eher keine Verantwortung.		Sie übernehmen gern Verantwortung.	
Ihnen kann man grundsätzlich nicht vertrauen.		Ihnen kann man grundsätzlich vertrauen.	
Sie sind leichtgläubig und leicht zu manipulieren und suchen Sicherheit.		Sie sind aufmerksam und nicht leicht zu manipulieren.	
Sie kreisen um sich selbst und kümmern sich nicht um Unternehmensziele.		Sie fühlen sich den Zielen des Unternehmens verpflichtet.	

Auswertung

Die im Test aufgeführten Haltungen führen zu einer Kreislaufwirkung, die der amerikanische Betriebspsychologe Douglas McGregor in seiner X-Y-Theorie beschrieben hat: Das Bild der Führungskraft von ihrem Mitarbeiter wird bestätigt, was ihre Haltung gegenüber dem Mitarbeiter verstärkt: So festigen sich positive wie negative Bilder.

- Haben Sie öfter die linke Spalte angekreuzt, so führt Ihr Menschenbild zu einer x-orientierten Führungshaltung. Das deutet auf einen autoritären Führungsstil hin. Ihr Führungsverhalten ist sehr zielorientiert, aber kaum mitarbeiterorientiert. Die Mitarbeiter sind Mittel zum Zweck, die Aufgabe bzw. Zielerreichung steht im Vordergrund.
- Folgt Ihr Menschenbild eher den Aussagen der rechten Spalte, so haben Sie eine y-orientierte Führungshaltung. Das weist auf einen kooperativen oder partizipativen Führungsstil hin. Ihr Führungsverhalten ist somit mitarbeiter- und zielorientiert.

> Die unterschiedlichen Führungsstile nach der X-Y-Theorie lassen sich nicht generell als »richtig« und »falsch« bewerten. Welcher Führungsstil passend ist, hängt letztlich von der Persönlichkeit des Mitarbeiters und der Art der Tätigkeit ab.

Test: Fremd- und Selbstbild abgleichen

Übung 5
15 min

Wie stark sind die folgenden Eigenschaften bei Ihnen ausgeprägt? Bitten Sie auch einen Mitarbeiter, Kollegen oder Bekannten, das Profil für Sie zu erstellen. Gleichen Sie dann Ihre eigene mit der Fremdeinschätzung ab. So erhalten Sie wertvolles Feedback und die Möglichkeit, Schwächen gezielt anzugehen.

Eigenschaft	schwach		mittel	stark	
belastbar					
souverän					
ausgeglichen					
sensibel					
entscheidungsstark					
kommunikationsstark					
konfliktfähig					
verantwortungsbewusst					
aufgeschlossen					
zielorientiert					
vertrauensvoll					
organisationsstark					
begeistert andere					
offen für Veränderungen					

Praxistipps: Die sieben wichtigsten Eigenschaften von Führungskräften

1. **Persönliche Autorität:** Führung erfordert Souveränität und Sicherheit. Erfolgreiche Führungskräfte werden respektiert, ohne dass sie ihre Macht ausspielen müssen. Dazu gehört es, Werte vorzuleben, statt einzufordern.
2. **Einfühlungsvermögen:** Dank Ihrer Fähigkeit, sich in andere hineinzuversetzen, können Sie Situationen aus unterschiedlichen Blickwinkeln betrachten.
3. **Entscheidungsstärke:** Sie können schnelle Entscheidungen treffen, auch wenn nicht alle wichtigen Rahmenfaktoren bekannt sind.
4. **Kommunikationsfähigkeit:** Sie drücken sich verständlich aus, signalisieren Aufmerksamkeit und hören in Gesprächen aktiv zu.
5. **Vertrauen:** Ihr Vermögen, anderen Vertrauen entgegenzubringen und selbst Vertrauenswürdigkeit auszustrahlen, ist die Grundlage für gute Führungsbeziehungen.
6. **Umgang mit Komplexität:** Sie finden sich in komplexen Situationen schnell zurecht und stellen komplizierte Zusammenhänge verständlich dar.
7. **Verantwortungsbereitschaft:** Sie sind bereit, Verantwortung zu übernehmen, und stehen zu Ihren Entscheidungen.

Ihre Entwicklung planen

Übung 6

15 min

Als Führungskraft sollten Sie so wenig wie möglich dem Zufall überlassen. Auch Ihre persönliche Entwicklung können Sie planen und zielorientiert verfolgen. Formulieren Sie Ihre Ziele so, dass sie erreichbar und motivierend sind. Und planen Sie realistische Maßnahmen und Termine.

Ziel	Maßnahmen zur Umsetzung	Termin	✓
Bsp.: Kommunikations-fähigkeit verbessern: ▪ zuhören ▪ auf den Punkt kommen	▪ Kommunikations-seminar besuchen ▪ Feedback von Kollegen einholen	März	
… … …			
… … …			

Praxistipps

Je detaillierter Sie eine Aufgabe planen und schriftlich fixieren, desto höher ist die Chance, dass Sie sie auch erfolgreich umsetzen. Beachten Sie deshalb folgende Hinweise, wenn Sie Ihre Führungspersönlichkeit planen und entwickeln:

- Holen Sie laufend Feedback ein! So erfahren Sie auch kleine Veränderungen und bleiben »am Ball«.
- Setzen Sie sich Meilensteine für Zwischenziele. Je anspruchsvoller das Ziel ist, desto mehr Zwischenschritte sollten Sie einplanen.
- Planen Sie langfristig: Wo wollen Sie in fünf und in zehn Jahren stehen? Welche Position möchten Sie dann einnehmen? Welche Eigenschaften brauchen Sie noch, um die Anforderungen an diese Position zu erfüllen? Welche Schritte sind nötig, um diese Kompetenzen zu erwerben?
- Bauen Sie auf Ihre Stärken! Viele Veränderungen und Ziele lassen sich mit Ihren bereits vorhandenen Stärken erreichen. Dazu brauchen Sie Klarheit über Ihre persönlichen Stärken und Kompetenzen. Überlegen Sie deshalb, welche besonderen Stärken Sie haben. Wo und wann haben diese Stärken Sie in der Vergangenheit bereits weitergebracht?

Äußere Anforderungen kennen und ausbalancieren

Im Spannungsfeld bestehen **Übung 7**

10 min

Bei seinem ersten Gespräch mit dem Niederlassungsleiter erfuhr Peter Bosse, dass von seiner Abteilung ein Umsatzwachstum von 15 Prozent erwartet wird. Rosi Rot fordert bei ihm eine Gehaltserhöhung ein, die aus ihrer Sicht längst überfällig ist. Die zwei betreuungsintensivsten Kunden gehen davon aus, dass sie ihn auch in Zukunft als Ansprechpartner behalten. Seitdem Peter Bosse die Führungsaufgabe übernommen hat, kommt er selten vor 20 Uhr nach Hause. Viele Aufgaben kann er erst nach der offiziellen Bürozeit in Ruhe erledigen. Das führt zunehmend zu Spannungen mit seiner Frau. Auch zum Fußballtraining schafft er es nur noch unregelmäßig.

- Überlegen Sie, von welchen Seiten welche Erwartungen an Sie als Führungskraft gestellt werden. Beziehen Sie auch Ihr Privatleben mit ein.
- Wo können Interessenkonflikte für Sie entstehen?
- Wie können Sie sich in diesem Spannungsfeld verhalten?

Lösung

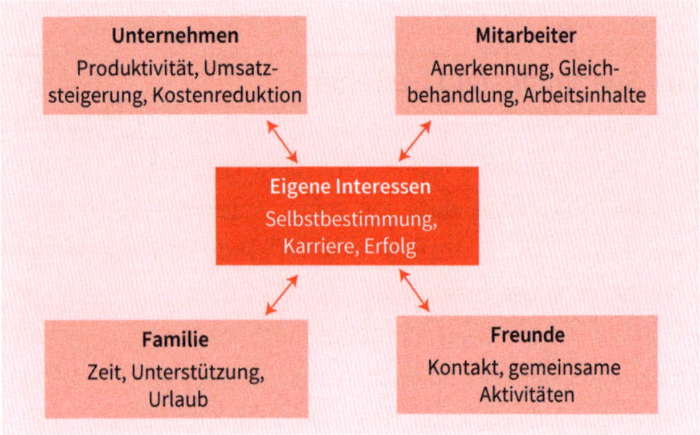

Wie Sie mit dem Spannungsfeld umgehen können

Generell gilt: Ein stabiles Gleichgewicht zwischen den Interessen lässt sich selten herstellen. Andererseits sollten Sie darauf achten, dass einzelne Erwartungen – auch die eigenen – nicht dauerhaft vernachlässigt werden. In der Praxis hat es sich bewährt, alle Erwartungen im Blick zu behalten und regelmäßig eine Standortanalyse durchzuführen. Dazu gehört auch, die eigenen Arbeitsaktivitäten regelmäßig zu prüfen:

- Gibt es Tätigkeiten, die ich abgeben kann?
- Welche der dringenden Arbeiten sind wirklich wichtig?
- Wie oft gelingt es mir, Nein zu sagen?
- Wie gewichte ich eigene gegenüber fremden Erwartungen?
- Wie beeinflusst meine Arbeit mein Familienleben?

Aufgabenorientierte Techniken anwenden

In diesem Kapitel lernen Sie,

- wie Sie im Führungsalltag zu richtigen Entscheidungen kommen,
- wie Sie durch ein effizientes Selbstmanagement Komplexität bewältigen,
- wie Sie Aufgaben kompetent delegieren.

Darum geht es in der Praxis

»Ich verlange von meinen Führungskräften, dass sie die richtigen Entscheidungen treffen!« Diese Forderung eines Vorstandsvorsitzenden zeigt das Dilemma vieler Führungskräfte klar auf: Die Entscheidungsalternativen lassen oft kein klares Für und Wider erkennen, und die Folgen sind zu komplex, um sie eindeutig beurteilen zu können. Zu allem Überfluss lässt sich meist erst im Nachhinein feststellen, ob eine Entscheidung »richtig« oder »falsch« war. Um handlungsfähig zu bleiben, müssen Sie den Überblick behalten, Mut beweisen und mit Informationen und komplexen Situationen professionell umgehen.

Erfolgreiche Führungskräfte setzen ihre Erfahrungen, ihren gesunden Menschenverstand und ihre Intuition bewusst ein. Verbinden Sie dabei Techniken zur Entscheidungsfindung mit einem effizienten Selbstmanagement. Übertragen Sie Aufgaben an Ihre Mitarbeiter, auch wenn das Ergebnis zunächst nicht perfekt sein wird, wie Sie sich das wünschen. Nur so haben Ihre Mitarbeiter die Chance, zu lernen und besser zu werden. Das zahlt sich langfristig aus, indem Ihre Mitarbeiter motiviert sind, wertvolle Beiträge leisten und Sie wirklich entlasten. So lassen sich anspruchsvolle Führungssituationen gut meistern und Freiräume schaffen, um komplexe Herausforderungen zu bewältigen.

Entscheidungen mit Vernunft und Intuition treffen

In der Situation richtig entscheiden

Übung 8
10 min

Welche typischen Entscheidungsfehler sind Peter Bosse in folgenden Situationen unterlaufen?

1. Ein langjähriger Kunde reklamiert beschädigte Fliesen: Er ist verärgert und fordert eine sofortige Rückerstattung von 50 Prozent – andernfalls droht er, die Geschäftsbeziehung zu beenden. Um den Kunden nicht zu verlieren und vor seinen Mitarbeitern »Entscheidungsstärke« zu demonstrieren, sagt Peter Bosse dem Kunden die Rückerstattung noch am Telefon zu.
2. Der Neffe des Vorgesetzten bewirbt sich bei Peter Bosse um einen Ausbildungsplatz. Seine Zeugnisse sind in Ordnung, doch nach dem Bewerbungsgespräch hat Peter Bosse ein komisches »Bauchgefühl«. Um gegenüber dem Vorgesetzten nicht in Erklärungsnot zu geraten, gibt er dem Neffen trotzdem den Ausbildungsplatz.
3. Die Geschäftsleitung wartet seit vier Wochen auf Nachricht von Peter Bosse, ob eine neue Produktreihe »spanische Außenfliesen« ins Sortiment aufgenommen werden soll. Die Entscheidung hierzu hat Peter Bosse immer wieder vertagt, da er durch das Tagesgeschäft ausgelastet war.

Lösung

- **Schnelles Urteil unter Zeitdruck:** Peter Bosse entscheidet hier ohne ausreichende Entscheidungsgrundlage. Wesentliche Informationen fehlen, um sachgerecht entscheiden zu können. Er sollte sich von künstlichem Zeitdruck und falschen Notwendigkeiten freimachen. Erst eine breite Informationsbasis und ein fundierter Überblick über die ganze Situation schaffen die Grundlage für sachgerechte Entscheidungen.
- **Kein Zusammenspiel von Kopf und Bauch:** Gute Entscheidungen basieren auf dem Zusammenspiel von Kopf und Bauch, Vernunft und Intuition. Peter Bosse läuft Gefahr, dass sich sein Bauchgefühl hier später bestätigt. Dann wird es schwierig oder gar unmöglich, seine Entscheidung rückgängig zu machen. Es lohnt sich, die Signale des Bauchgefühls ernst zu nehmen und zu hinterfragen.
- **Aufschieben wichtiger Entscheidungen:** Eine Entscheidung zu treffen bedeutet, sich festzulegen und Konsequenzen zu tragen. Gerade schwierige Entscheidungen werden deswegen gern vertagt und binden viel Zeit und Energie. Peter Bosse kommt in dieser Situation das Tagesgeschäft ganz recht. Hier kann er leicht lösbare Probleme ohne großes Risiko klären und findet gleichzeitig eine Entschuldigung für die Aufschiebung der wichtigen strategischen Entscheidungen.

Eine Entscheidung treffen

Übung 9

10 min

Bei wichtigen Entscheidungen sollten Sie strukturiert vorgehen. Verwenden Sie den folgenden Leitfaden »In fünf Schritten zur Entscheidung« für jede Entscheidung, die Ihnen schwerfällt.

1. **Definieren Sie die Fragestellung:**

   Was soll entschieden werden? Die kleinen Detailprobleme oder das grundsätzliche Problem?

   …

   …

   …

   Geht es um eine kurzfristige Lösung oder eine langfristige Veränderung?

   …

2. **Klären Sie Ziele und Kriterien:**

   Welches ist der erstrebenswerte Zustand, den Sie erreichen möchten?

   …

   …

   …

3. **Mit welchen Kriterien können Sie ihn beschreiben?**

   …

   …

   …

4. **Welche Rahmenbedingungen gelten?**

   ...

   ...

   ...

5. **Suchen Sie viele Entscheidungsoptionen:**

   Je mehr Möglichkeiten Sie haben, umso passgenauer wird die Entscheidung ausfallen. Notieren Sie alle Optionen:

   ...

   ...

   ...

   ...

   ...

   ...

6. **Entscheiden Sie sich:**

   Bewerten Sie die Optionen, die Sie notiert haben. Erweist sich eine Option als die beste, fällt die Entscheidung leicht. Bewerten Sie die Alternativen ähnlich, dann prüfen Sie ein letztes Mal Ihren Wissensstand und Ihr Gefühl und entscheiden sich dann – es gibt keinen Propheten, der Ihnen mit einem Blick in die Zukunft das Restrisiko nehmen könnte.

   ...

7. **Prüfen Sie das Ergebnis!**

   In der Rückschau auf die Entscheidung können Sie Ihre Entscheidungsfähigkeit verbessern:

   Stimmten Ihre Einschätzungen und Prognosen?

   …

   …

   …

   Lagen Sie mit Ihrer Intuition richtig?

   …

   …

   …

   Können Sie mit den Folgen leben?

   …

   …

   …

Komplexität bewältigen: Effizientes Selbstmanagement

Zeitfresser erkennen

Übung 10

10 min

Bekanntlich führen viele Wege zum Ziel – und auch viele davon weg. Deshalb muss die Vielzahl der Möglichkeiten gegeneinander abgewogen werden. Im Arbeitsalltag werden wir häufig mit Aufgaben überschüttet, die uns auf Nebenwege führen. Analysieren Sie Ihre letzte Arbeitswoche. Listen Sie die fünf Tätigkeiten auf, die Ihre Zeit am intensivsten beansprucht haben. Welchen prozentualen Anteil an Ihrer Arbeitszeit hat jede dieser Tätigkeiten gefordert? Und wie wichtig waren diese Tätigkeiten, um Ihre Ziele zu erreichen (0 = unwichtig, 10 = sehr wichtig)?

Tätigkeit	Zeitanteil	Wichtigkeit
1		
2		
3		
4		
5		

Lösung

Vergleichen Sie die Tätigkeiten in Ihrer Liste nach Wichtigkeit und Zeiteinsatz. Sind es die wichtigsten Tätigkeiten, die am meisten Zeit beanspruchen? Oder finden Sie viele »Zeitfresser«, die zwar viel Zeit beanspruchen, aber nur wenig zur Zielerreichung beitragen?

Praxistipp

Der italienische Ökonom Vilfredo Pareto (1848–1923) fand heraus, dass oft mit einer kleinen Teilmenge aller Tätigkeiten eine überproportional große Wirkung erzielt wird:

- 20 Prozent der Kunden bringen 80 Prozent des Umsatzes.
- 20 Prozent einer Besprechung bringen 80 Prozent der Beschlüsse.
- 20 Prozent der Arbeit bringen 80 Prozent des Erfolgs.

> Für Ihr Zeitmanagement bedeutet das: Mit 20 Prozent Ihrer verfügbaren Zeit können Sie oft 80 Prozent Ihres Erfolgs bewirken!

Deshalb kommt der Auswahl Ihrer Prioritäten eine so hohe Bedeutung zu! Mit 20 Prozent der als wichtig erkannten Aufgaben können Sie 80 Prozent Ihres Arbeitserfolgs bewirken. Für den effektiven Einsatz Ihrer Zeit gilt es deswegen, diese 20 Prozent der Erfolgsverursacher herauszufiltern und ihnen die höchste Priorität zu geben.

Prioritätenanalyse

Übung 11

10 min

Im Arbeitsalltag sind meistens mehr Aufgaben zu bewältigen, als zeitlich möglich ist. Die ABC-Analyse beurteilt Tätigkeiten nach ihrer Wichtigkeit und teilt sie in drei Kategorien ein:

- **A-Aufgaben:** Sie leisten den größten Beitrag zu Ihrer Zielerreichung, sind unbedingt wichtig und können nur von Ihnen selbst ausgeführt werden.
- **B-Aufgaben:** Das sind durchschnittlich wichtige Aufgaben, die auch von anderen erledigt werden können.
- **C-Aufgaben:** Das sind zeitraubende Routineaufgaben mit nur geringem Beitrag für Ihre Zielerreichung.

Teilen Sie die fünf Tätigkeiten aus Übung 10 in A-, B- und C-Aufgaben ein. Wie hoch ist der Arbeitszeitanteil (in %) aller A-Aufgaben? Und wie hoch der aller B- und C-Aufgaben?

	Tätigkeiten	Zeitanteil
A-Aufgaben		
B-Aufgaben		
C-Aufgaben		

Lösung

Erfahrungsgemäß verteilt sich die verfügbare Arbeitszeit folgendermaßen auf die unterschiedlichen ABC-Aufgabenbereiche:

A = 15 % B = 20 % C = 65 %

Idealerweise sollte die aufgewandte Arbeitszeit aber den Wertigkeiten der unterschiedlichen ABC-Aufgabenbereiche entsprechen:

A = 65 % B = 20 % C = 15 %

In Kombination mit der ABC-Analyse ergeben sich je nach hoher bzw. niedriger Wichtigkeit und Dringlichkeit einer Aufgabe vier Möglichkeiten, eine Bewertung vorzunehmen. Ziehen Sie entsprechende Konsequenzen, wenn Sie die Aufgaben erledigen.

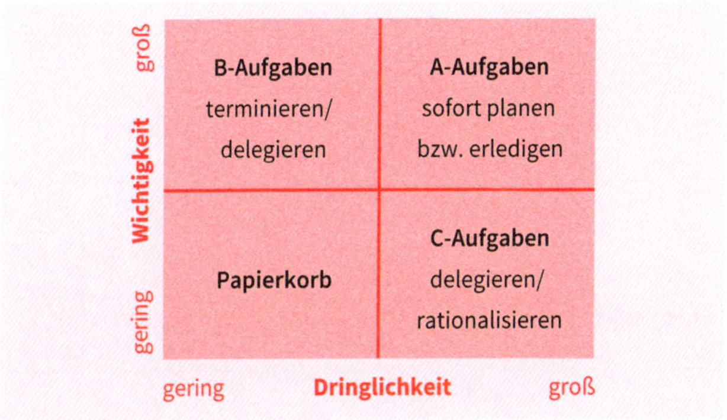

Informationen managen

Test: Betreiben Sie gutes Informationsmanagement?

Übung 12
10 min

Setzen Sie im Folgenden hinter die Fragen, die Sie mit Ja beantworten können, einen Haken. So verschaffen Sie sich einen Überblick, wo Sie Ihr Informationsmanagement noch optimieren können.

Werden Sie laufend über die wichtigsten Daten Ihres Unternehmens und Ihrer Abteilung informiert?	
Kennen Sie die Herkunft der Informationen und können Sie eingreifen, wenn Sie bestimmte Informationen nicht benötigen?	
Erreichen Sie dringende und aktuelle Informationen unmittelbar?	
Wissen Sie, wo Sie welche Informationen erhalten?	
Nutzen und kennen Sie die Informationssysteme Ihres Unternehmens?	
Haben Sie auf bedarfsabhängige Informationen (z. B. Gesetzesänderungen) ungehinderten Zugriff?	
Sind Sie über Marktentwicklungen, Wettbewerber und Zulieferer laufend informiert?	
Stehen Ihnen die wichtigsten Kundeninformationen zur Verfügung?	
Können Sie überflüssige Informationen ausfiltern?	
Erhalten Sie laufend Informationen über gesellschaftliche und politische Rahmenbedingungen?	

Praxistipps

- **Wissen, was Sie nicht wissen müssen:** Nutzlose Informationen kosten Zeit und Geld. Verschaffen Sie sich Klarheit darüber, was Sie nicht wissen müssen, und sorgen Sie dafür, dass diese Informationen Sie nicht mehr erreichen.
- **Nur klare Informationen sind nützlich:** Sorgen Sie dafür, dass Informationen verständlich verfasst werden. Dazu gehört es, sich in die Lage des Empfängers zu versetzen: Wie viel Fachsprache kann ich dem Empfänger zumuten? Wie umfangreich muss die Information sein? Kommen die wichtigen Inhalte klar zum Ausdruck?
- **Wo sind welche Informationen erhältlich?** Die größten Datenbanken sind sinnlos, wenn sie nicht genutzt werden. Oft sind Informationssammlungen unübersichtlich oder deren Verwendung unklar. Sorgen Sie dafür, dass Sie und Ihre Mitarbeiter mit den Informationsmöglichkeiten im Unternehmen vertraut sind. Wissen Sie, welche Informationen intern erhältlich sind? Welche müssen extern beschafft werden?

Aufgaben delegieren

Rückdelegation vermeiden

Übung 13

5 min

Die Geschäftsleitung hat beschlossen, ökologische Baustoffe ins Sortiment aufzunehmen. Peter Bosses Abteilung ist für die Umsetzung verantwortlich. Er überträgt Fredi Grünwald, der noch Kapazitäten frei hat, die Aufgabe, Angebote einzuholen und Preiskalkulationen zu erstellen. Als sich Peter Bosse nach zwei Wochen bei Fredi Grünwald nach dem Stand der Dinge erkundigt, erfährt er, dass weder Angebote vorliegen, noch eine brauchbare Kalkulation erstellt wurde. Fredi Grünwald entschuldigt dies damit, dass in der Zwischenzeit mehrere Reklamationsfälle seine ganze Arbeitskraft beansprucht haben. Enttäuscht macht sich Peter Bosse selbst an die Arbeit.

Hier kam es zur Rückdelegation – die Aufgabe landete wieder beim Delegierenden. Wie hätte Peter Bosse die Rückdelegation vermeiden können?

Lösungstipp

Versetzen Sie sich in die Lage Ihrer Mitarbeiter: Mit welchen Informationen müssen Sie sie versorgen, damit sie die Aufgaben, die Sie ihnen übertragen haben, zu Ihrer Zufriedenheit erledigen zu können?

Lösung

Wichtige Rahmenbedingungen der Aufgabe waren Fredi Grünwald nicht bekannt, z.B. wie wichtig die Aufgabe ist oder wie viele seiner Kapazitäten er dafür aufwenden soll. Das hat ihm letztlich die Lösung erschwert.

Damit der Mitarbeiter die delegierte Aufgabe erfolgreich bewältigen kann, müssen folgende Fragen vorher geklärt werden:

- Verfügt der Mitarbeiter über ausreichende Fähigkeiten und das Engagement, diese Aufgabe selbstständig zu erledigen?
- Was ist das genaue Ziel der Aufgabe?
- In welchem Zusammenhang steht die Aufgabe?
- Wie wichtig ist die Erledigung der Aufgabe?
- Woran wird das Ergebnis gemessen?
- Sind die Rahmenbedingungen definiert: Zeit, Verantwortung, Ressourcen, Priorität?
- Wo und wann kann sich der Mitarbeiter Unterstützung holen, wenn Probleme auftreten?
- Wie erfolgt die Rückmeldung während der Durchführung und am Ende?

Ein Delegationsgespräch führen

Übung 14

7 min

Folgendes Delegationsgespräch führte Peter Bosse kurz vor seinem Urlaub. Was ist dabei gut gelaufen, und worauf sollte er in Zukunft mehr achten?

»Frau Rot, ich habe eine dringende Bitte an Sie: Machen Sie mir doch bitte eine Aufstellung über all jene Kunden, die im letzten Jahr erst gezahlt haben, nachdem wir sie gemahnt hatten. Wie oft mussten wir mahnen, bis die Rechnungen beglichen wurden, und wie häufig kaufen diese Kunden bei uns ein? Mich interessiert vor allem, wie viel Umsatz diese Kunden bei uns machen. Schicken Sie mir die Aufstellung doch bitte per Mail, dann kann ich sie mir im Urlaub schon mal anschauen. Wenn Sie Fragen haben, können Sie mich gern auch zuhause anrufen.«

Notieren Sie drei Aspekte, die Peter Bosse im Gespräch richtig gemacht hat, und drei Aspekte, die er hätte besser machen können.

Lösung

Das hat Peter Bosse richtig gemacht:

- Er wies Frau Rot darauf hin, dass die Aufgabe dringend für ihn ist.
- Er beschrieb das gewünschte Ergebnis und stellte heraus, was ihm daran besonders wichtig ist.
- Außerdem bot er an, Fragen telefonisch zu beantworten.

Das kann Peter Bosse besser machen:

- Er sollte einen genauen Termin angeben, bis wann die Auswertung fertig sein soll.
- Er sollte der Mitarbeiterin mitteilen, was der Hintergrund für die Auswertung ist und was mit den Ergebnissen geschehen soll. Diese Informationen erleichtern der Mitarbeiterin das »Mitdenken« und vermeiden unnötige Arbeit.
- Er sollte die gewünschte Auswertung genauer beschreiben: In welcher Form soll sie erstellt werden: in Excel, Word etc.? Soll sie präsentiert werden oder ist die Auswertung nur für Peter Bosse gedacht? Welchen Umfang soll die Auswertung haben? Wie detailliert soll sie sein?

Demotivation vermeiden – Engagement steigern

Übung 15

5 min

Nach seiner Erfahrung mit der Rückdelegation ist Peter Bosse vorsichtig geworden. Wieder überträgt er Fredi Grünwald eine Aufgabe, beschließt aber diesmal, engmaschig zu kontrollieren und die Ergebnisse genau zu prüfen.

»Herr Grünwald, ich möchte gern, dass Sie Pflege und Nachbestellung unseres Lagerbestandes übernehmen und überwachen. Am besten gehen wir so vor, dass Sie wöchentlich die Bestandslisten ausdrucken und mir vorlegen. Wenn ich sie geprüft habe, können wir gemeinsam entscheiden, welche Baustoffe wir in welchen Mengen nachbestellen.«

Fredi Grünwald nimmt die Aufgabe wenig begeistert an. Peter Bosse beobachtet, dass Fredi Grünwalds Engagement in den folgenden Wochen deutlich nachlässt.

1. Welchen Grund könnte es für Fredi Grünwalds Motivationsschwund geben?
2. Notieren Sie zwei wichtige Aspekte, die bei der Delegation das Engagement des Mitarbeiters steigern.

Lösungstipp

Versetzen Sie sich in die Lage des Mitarbeiters. Wie müsste man Ihnen eine Aufgabe übertragen, damit Ihr Interesse geweckt wird?

Lösung

- **Demotivation vermeiden:** Aufgrund der engmaschigen Überwachung kommt bei Fredi Grünwald vor allem das Misstrauen des Chefs an. Das gibt ihm das Gefühl, nicht gut genug zu sein und daher kontrolliert werden zu müssen. Schließlich führt die Einstellung »Ich kann es ihm sowieso nicht recht machen« zum deutlichen Rückgang seines Engagements.
- **Engagement steigern:** Mit den folgenden Maßnahmen fördern Sie die Motivation Ihrer Mitarbeiter.
  - Äußern Sie klar, was mit der Aufgabe erreicht werden soll. Wichtig ist es, Spielräume für den Weg dorthin zu lassen. Sind die Vorgaben zu eng, fühlt sich Ihr Mitarbeiter gegängelt und verliert die Lust an der Aufgabe.
  - Häufig wird Ihr Mitarbeiter die Aufgabe anders oder nicht so perfekt erledigen wie Sie selbst. Wenn die Ergebnisse noch akzeptabel sind, gilt es, sie zu würdigen. Nichts ist frustrierender als häufiges Einmischen und ständige Kontrollen.
  - Erst wenn Sie Ihrem Mitarbeiter auch die Verantwortung für eine Aufgabe übertragen, wird er sich damit identifizieren können. Bieten Sie ihm an, ihn zu unterstützen. Aber machen Sie deutlich, dass er Erfolg oder Misserfolg selbst zu verantworten hat.

Praxistipps: Was können Sie delegieren, was nicht?

Delegierbar	Nicht delegierbar
Routineaufgaben:	**Führungsaufgaben:**
Wiederkehrende Aufgaben und Aufgaben, die nicht zwingend Ihr Knowhow als Führungskraft erfordern, sollten Sie unbedingt delegieren.	Um Mitarbeiter zu beurteilen, Kritik- oder Gehaltsgespräche zu führen, sind besondere Kompetenzen und die entsprechende Verantwortung als Führungskraft erforderlich.
Spezialistenaufgaben:	**Führungsaufgaben:**
Sie sollten auch von Spezialisten ausgeführt werden. Ihre Führungsaufgabe erfordert Überblick und Einsicht in alle Aufgabengebiete. Sie sind also als Generalist gefordert.	Aufgaben, die vertrauliche Informationen beinhalten können (wie Gehaltsvereinbarungen, Wirtschaftlichkeitsberechnungen oder Personalplanungen), dürfen nicht delegiert werden.
Ganze Aufgabenbereiche:	**Strategische Aufgaben:**
Die Übertragung ganzer Aufgabenbereiche ist mit viel Verantwortung und Vertrauen gegenüber dem Mitarbeiter verbunden.	Als Führungskraft tragen Sie Ihren Teil zum Unternehmenserfolg durch strategische Entscheidungen bei. Die Verantwortung dafür ist nicht delegierbar.

Mitarbeiter beurteilen und typgerecht führen

In diesem Kapitel lernen Sie,

- wie Sie Ihre Mitarbeiter einschätzen, ohne sie zu verurteilen,
- nach welchen Kriterien Sie Ihre Mitarbeiter beurteilen und bewerten können,
- wann Sie Ihre Führungsstrategie ändern sollten,
- worin die Unterschiede beim Führen von weiblichen und männlichen Mitarbeitern liegen.

Darum geht es in der Praxis

Menschen schnell in unterschiedlichen Situationen einschätzen zu können ist sicherlich eine wichtige Aufgabe im Führungsalltag. Hier ist zwischen Kollegen, Kunden und Mitarbeitern zu unterscheiden.

Bei Kollegen und Kunden ist eine hohe Kommunikationskompetenz, situationsadäquates Verhalten und souveränes Auftreten wichtig. Wir beurteilen sehr schnell unser Gegenüber. Etwa 30 Sekunden und 30 Wörter ist die erste Phase lang, in der wir einen Menschen be- und oft auch verurteilen, ganz nach dem Motto: »Schublade auf – Mensch rein – Schublade zu«. Unsere Wahrnehmung ist in der Folge konsequent darauf gerichtet, dieses Bild zu untermauern und nicht ins Wanken bringen zu lassen.

Bei Mitarbeitern ist es umso wichtiger, mit ihnen offen und wertfrei in Kontakt zu treten und zu bleiben. Nur wenn Sie Ihre Wahrnehmung immer wieder prüfen und bewusst hinterfragen, können Sie Ihre Mitarbeiter richtig beurteilen. Schätzen Sie Ihre Mitarbeiter richtig ein, so können Sie das Mitarbeiterpotenzial optimal nutzen und fördern. So gewährleisten Sie Teamerfolge und fördern langfristig Abteilungserfolge.

Ihre Mitarbeiter kennen

Test: Schätzen Sie Ihre Mitarbeiter ein

Übung 16

10 min

Der folgende Test ist ein situationsgebundenes Analyseinstrument. Er hilft Ihnen, Ihre Wahrnehmung zu schärfen und Ihre Mitarbeiter möglichst wertfrei einzuschätzen. Bewerten Sie die Aussagen mit: trifft voll zu = 3, trifft zum Teil zu = 2, trifft weniger zu = 1, trifft gar nicht zu = 0.

(Hier steht der Name Ihres Mitarbeiters)	3	2	1	0	Pkt.
Frau/Herr ... arbeitet sorgfältig und fehlerfrei.					
Ich unterhalte mich gern mit ihr/ihm.					
Auf sie/ihn kann ich mich voll und ganz verlassen.					
Sie/Er arbeitet überdurchschnittlich schnell.					
Ihr/Sein Engagement der Firma gegenüber zeichnet sie/ihn ganz besonders aus.					
Sie/Er genießt bei ihren/seinen Kollegen hohes Ansehen.					
Sie/Er ist mir sympathisch.					
Konflikte spricht sie/er souverän und offen an					
Pünktlichkeit ist ihr/ihm bei ihrer/seiner Arbeit wichtig.					
Neue Aufgaben sind für sie/ihn eine spannende Herausforderung.					
Unvorhergesehene Ereignisse bringen sie/ihn nicht aus der Ruhe.					

(Hier steht der Name Ihres Mitarbeiters)	3	2	1	0	Pkt.
Ihr/Sein Wesen ist gekennzeichnet durch hohe Stressresistenz.					
Ihr/Sein Engagement ist vorbildlich.					
Sie/Er gibt Wissen gern weiter und unterstützt die Kollegen.					
Kritik äußert sie/er unverblümt.					
Ihre/Seine Meinung und Stellung vertritt sie/er klar und deutlich, ohne dominant zu sein.					
Summe					

Auswertung

Tragen Sie in der rechten Spalte unter »Pkt.« Ihre jeweilige Punktzahl ein und ermitteln Sie nun die Gesamtsumme.

33–54 Punkte

Ihr Mitarbeiter ist eine wichtige Stütze für Sie. Sie begegnen ihm offen und wertschätzend. Doch Vorsicht! Der sogenannte »Überstrahlungseffekt« könnte zu einer eingeschränkten Wahrnehmung führen, sodass Ihre große Sympathie für den Mitarbeiter zum Stolperstein werden könnte. Versuchen Sie aus diesem Grund, bei der nächsten Testbeurteilung möglichst neutral zu sein, und prüfen Sie Ihre Einschätzung z.B. durch Arbeitsergebnisse, Umsatzzahlen, Kundenstimmen etc.

17–32 Punkte

Sie stehen Ihrem Mitarbeiter kritisch gegenüber. Seine Arbeit schätzen Sie, doch erkennen Sie immer wieder, dass Ihr Mitarbeiter sein Potenzial nicht optimal nutzt. Prüfen Sie Ihre individuelle Erwartungshaltung! Vielleicht erwarten Sie zu viel von Ihrem Mitarbeiter oder überfordern ihn. Geben Sie ihm in regelmäßigen Abschnitten Feedback und definieren Sie Ihre Ansprüche für ihn klar und nachvollziehbar. Bitte achten Sie auch darauf, ob Ihre Forderungen Ihren Mitarbeiter eventuell demotivieren könnten.

0–16 Punkte

Nach Ihrer Einschätzung ist Ihr Mitarbeiter ein sogenannter »low performer«. Er erledigt die ihm übertragenen Aufgaben im Rahmen der Erwartungen, aber nicht darüber hinaus. Die Arbeit ist für ihn Mittel zum Zweck und Pflichterfüllung.

Suchen Sie das Gespräch mit diesem Mitarbeiter nach einem etwa zwei- bis dreimonatigen Beobachtungszeitraum. Versuchen Sie herauszufinden, ob es an der individuellen Arbeitsaufgabe liegt, am Arbeits- und Kollegenumfeld oder an der individuellen Arbeitseinstellung. Nur wenn Sie die Ursache gefunden haben, können Sie Lösungswege suchen und beschreiten!

Praxistipps

- Wenden Sie diesen Test mindestens vier Mal im Jahr auf jeden Ihrer Mitarbeiter an.
- Sind Sie gerade erst Führungskraft geworden, so bearbeiten Sie diesen Test möglichst zeitnah. Es kommt nicht auf die richtige oder falsche Beurteilung an, sondern auf das Schärfen Ihrer Wahrnehmung. Mit den Mitarbeitertests reflektieren Sie auch Ihre Einstellung gegenüber Ihrem Mitarbeiter.
- Schätzen Sie Ihren Mitarbeiter zu unterschiedlichen Zeitpunkten ein. Achten Sie darauf, dass Sie die Beurteilung z. B. in arbeitsintensiven Abschnitten, vor und nach dem Urlaub oder nach einem erfolgreichen Quartalsabschluss vornehmen.
- Die Mitarbeiterbeurteilung ist zeitintensiv! Planen Sie genügend Zeit dafür ein.

Empathie: Der Schlüssel zu Ihren Mitarbeitern **Übung 17** **15 min**

Als Führungskraft sollten Sie genügend Zeit in Ihren Arbeitsalltag einplanen, um Ihre Mitarbeiter kontinuierlich einschätzen und begleiten zu können.

Nehmen Sie ein weißes Blatt Papier und notieren Sie in der Mitte den Namen Ihres Mitarbeiters. Schreiben Sie nun intuitiv Ihre Gefühle und Assoziationen zu Ihrem Mitarbeiter auf. Gehen Sie hierbei auf Punkte ein wie:

- Aussehen, Ausstrahlung und Outfit
- Kommunikationsfähigkeit, Humor und Begeisterungsfähigkeit
- Verhaltensmuster (introvertiert oder extrovertiert?)
- Alter, Hobbys und Familienstand
- Teamfähigkeit, Akzeptanz und Offenheit.

Lösungstipp

Das Wort »Empathie« kommt aus dem Griechischen und meint die Fähigkeit, sich in andere hineinzuversetzen. Versuchen Sie, die Gefühle Ihres Mitarbeiters zu verstehen, sein Handeln nachzuvollziehen und auf seine Werthaltungen und Normen einzugehen. Wichtig ist dabei, dass Sie sich in Ihren Mitarbeiter einfühlen und seine Perspektive einnehmen.

Lösung

Hier geht es nicht um die richtige oder falsche Antwort. Sie sollten sich vielmehr in die Situation Ihres Mitarbeiters einfühlen und seine »Brille« aufsetzen. Nur wenn Sie durch die Brille Ihres Mitarbeiters blicken, können Sie nämlich sein Verhalten nachvollziehen und in Ihrem Führungsalltag positiv auf ihn einwirken.

Versetzen Sie sich z. B. in Ihren 18-jährigen Auszubildenden hinein. Nachvollziehbar, dass seine Wochenenden reserviert sind für Freunde und Partys. Jedoch sollte weder die Leistung in der Berufsschule noch am Ausbildungsplatz darunter leiden. Hier gilt es, einerseits Verständnis für die Sturm-und-Drang-Phase des Mitarbeiters aufzubringen, aber auch klare und eindeutige Grenzen aufzuzeigen, welche Arbeitshaltung erwünscht und welche nicht tolerierbar ist.

Auch beim frischgebackenen Familienvater, der nach durchwachter Nacht übernächtig am Arbeitsplatz erscheint, ist wohl Empathie notwendig. Häufen sich allerdings Fehler und das Team wird durch diese Situation über Gebühr belastet, sollten Sie als Vorgesetzter in Führung gehen und deutlich machen, dass Sie zwar eine vorübergehende »Schonzeit« dulden, aber von Ihrem Mitarbeiter in einem gewissen Zeitrahmen auch wieder vollen Einsatz für das Unternehmen erwarten.

Mitarbeiter beurteilen

Beobachtung und Bewertung

Übung 18
20 min

1. **Beobachten:** Vor jeder Beurteilung kommt es darauf an, dass Sie Ihre Mitarbeiter möglichst objektiv einschätzen. Beobachten Sie Ihre Mitarbeiter über einen längeren Zeitraum und in unterschiedlichen Situationen, z. B.:
   - im Kundengespräch,
   - beim Telefonieren,
   - bei Teamsitzungen,
   - bei der Bearbeitung von delegierten Aufgaben,
   - beim selbstständigen Erarbeiten von Lösungen,
   - bei der Präsentation von Ergebnissen.
2. **Kriterien festlegen:** Sie können ein Anforderungsprofil für Ihre Teammitglieder entwickeln, indem Sie auf den betreffenden Mitarbeiter bezogen die folgenden Fragen beantworten. Versuchen Sie eindeutige Antworten zu finden:
   - Was gehört zur fachlichen Fähigkeit der Stelle?
   - Welche sozialen Kompetenzen sind notwendig für diese Position?
   - Woran erkennen Sie die kommunikativen Stärken Ihres Mitarbeiters?

   Versuchen Sie bei der Beantwortung dieser Fragen möglichst aussagekräftige Kriterien zu finden, die Sie mit Adjektiven beschreiben. Tragen Sie die Kriterien in den

Beurteilungsbogen auf der folgenden Seite ein. Bei Bedarf können Sie diese Begriffe gern auch erweitern.

3. **Beobachtungen eintragen:** Füllen Sie den Beurteilungsbogen auf der folgenden Seite aus. Wichtig dabei ist: Notieren Sie als Erstes alle Ihre Beobachtungen – und zwar, noch ohne an eine Bewertung zu denken.
4. **Bewerten:** Nehmen Sie die Bewertung nach folgendem Schlüssel vor:

   überdurchschnittlich: ☺☺☺

   durchschnittlich: ☺☺

   erfüllt das Kriterium: ☺

   ausbaufähig: 😐

   mittelfristiger Entwicklungsbedarf: ☹

   langfristiger Entwicklungsbedarf: ☹☹

Mitarbeiter: (Name)							
Kompetenz	**Beobach-tung**	☺☺☺	☺☺	☺	😐	☹	☹☹
fachlich							
sozial							
kommunikativ							
Datum		**Unterschrift**					

Praxistipps

Diesen exemplarischen Standardbeurteilungsbogen können bei jeder Beurteilung verwenden und bei Bedarf jederzeit abwandeln. Denken Sie daran: Der Bogen soll Ihr Unternehmen und Ihre Unternehmenskultur widerspiegeln. Verwenden Sie daher lediglich Wörter, die in Ihrem Arbeitsumfeld gängig sind.

Mehraugenprinzip

Das sogenannte »Mehraugenprinzip« und der Selbstbild-/Fremdbildabgleich gewähren eine möglichst objektive Einschätzung. Sie können das Mehraugenprinzip erreichen, indem Sie Ihren Mitarbeiter ebenfalls einen Beurteilungsbogen ausfüllen lassen. Ihr Mitarbeiter ist so in die Bewertung seiner Leistungen aktiv einbezogen und kann Ihre Einschätzungen besser nachvollziehen. Sie erhalten durch diese Vorgehensweise auch wertvolles Feedback. Vielleicht stellen Sie fest, dass Sie Ihre Beobachtungen genauer prüfen und eventuell revidieren sollten. Sie ermöglichen Ihrem Mitarbeiter damit zugleich einen Einblick in Ihre Beurteilungspraxis und objektivieren diese dadurch.

Weicht Ihre Fremdeinschätzung in gravierendem Maße von der Selbsteinschätzung Ihres Mitarbeiters ab, so können Sie im Gespräch mit ihm Ihre Beobachtungen detailliert darlegen. Ihr Mitarbeiter erfährt dadurch, dass Sie Ihre Bewertung nicht »aus dem Bauch« heraus vornehmen. Vielmehr befinden Sie sich in einem kontinuierlichen Beobachtungs- und Bewertungsprozess, um Ihre Entscheidungen nachvollziehbar kommunizieren zu können.

Führungsstrategien bei unterschiedlichen Mitarbeitern

Führungsstrategien anpassen

Übung 19
10 min

Wie würden Sie sich in den folgenden Situationen als Führungskraft verhalten?

1. **Dominante Mitarbeiterin:** Frau Rot reagiert nicht selten am Telefon patzig. Im Befehlston erteilt sie gern Lieferanten und Kunden Anweisungen. Ihren Kollegen gegenüber wirkt sie zeitweise unwirsch.
2. **Konfliktscheuer Mitarbeiter:** Als Kundenberater ist Herr Blaubart perfekt. Er agiert ganz nach dem Motto: »Der Kunde ist König.« Leider überschreitet Herr Blaubart im Interesse des Kunden und zum Nachteil der Firma manchmal Grenzen. Statt deutlich Stellung zu beziehen vermeidet er Konflikte mit Kunden.
3. **Entscheidungsunwilliger Mitarbeiter:** Fredi Grünwald absolvierte im Unternehmen seine Ausbildung zum Großhändler. Seit eineinhalb Jahren ist er Sachbearbeiter. Nur zögerlich trifft er Entscheidungen, da er als Auszubildender einen stärker begrenzten Handlungsspielraum hatte. Oft wartet er auf das Okay von Herrn Bosse, um fehlerfrei zu arbeiten. So werden Kundenbestellungen unnötig in die Länge gezogen.

Lösung

1. **Führungsstrategie: Dominieren durch deutliche Aussagen.** Begegnen Sie Frau Rot klar und deutlich. Gehen Sie bewusst in Führung und setzen Sie Ihre natürliche Autorität ein. Grenzen und Verhaltensanweisungen sind notwendig. Enge Führung mit häufigem Feedback und intensive Einzelgespräche sollen der Mitarbeiterin deutlich vor Augen führen: Dieses Verhalten wird nicht akzeptiert.
2. **Führungsstrategie: Kooperativ leiten und motivierend einwirken.** Bestärken Sie Herrn Blaubart in seinem kundenorientierten Verhalten. Heben Sie seine Qualifikation und Akzeptanz beim Kunden heraus. Auf dieser Basis sollte er seine Konfliktscheu überwinden. Unterstützen Sie ihn, dieses neue Verhalten in einem Konfliktcoaching einzuüben.
3. **Führungsstrategie: Partnerschaftlich verstärken und Selbstständigkeit fördern.** Herr Grünwald muss seine Sachbearbeiterposition klar einnehmen. Unterstützen Sie ihn und motivieren Sie ihn zur Selbstständigkeit. Fordern Sie ihn zu eigenverantwortlichem Handeln auf. Er sollte den Mut entwickeln, eigene Entscheidungen zu treffen und »erwachsen« und seiner Position angemessen zu agieren.

Weibliche und männliche Mitarbeiter führen

Sich eigene Geschlechterklischees bewusst machen — Übung 20 — 5 min

Erforschen Sie einmal Ihre eigene Haltung: Welches Verhalten empfinden Sie als typisch weiblich, welches als typisch männlich? Kreuzen Sie jeweils an.

Verhalten			Verhalten		
einfühlsam			partnerschaftlich		
kommunikativ			konfliktscheu		
konfrontierend			fürsorglich		
rational			anlehnungsbedürftig		
nüchtern			strukturiert		
emotional			zielorientiert		
entscheidungsfreudig			dominant		

Lösung

Als Führungskraft sollten Sie sich den Einfluss des Geschlechts auf das eigene Verhalten und die eigene Wahrnehmung bewusst machen. Im Alltag haben wir eine »Geschlechterbrille« auf. Dies bedeutet: Verhaltensweisen, die nicht in unser Raster passen, werden ausgeblendet. Mit dem Test können Sie Ihre persönliche »Brille« erkennen.

Praxistipps

In ihren Leistungen präsentieren sich Frauen und Männer sehr unterschiedlich. Folgendes sollten Sie bei Ihrer Mitarbeiterbeurteilung beachten:

- Frauen präsentieren sich häufig weniger offensiv und selbstbewusst als Männer.
- Frauen unterschätzen eher ihr Können, während Männer eher zur Selbstüberschätzung neigen.
- Mitarbeiter, die sich »über Wert« verkaufen, werden tendenziell positiver eingeschätzt als Mitarbeiterinnen, die ihre Arbeit selbstkritisch darstellen.
- Mitarbeiterinnen zeigen ihre fachliche Kompetenz weniger als ihre Kollegen.

> Die Wahrnehmung anderer hängt stark von den eigenen Erwartungen ab. Zu Fehlbewertungen kann es kommen, wenn nichtgeschlechterspezifische Stereotypen gezeigt werden, etwa wenn eine Mitarbeiterin nicht einfühlsam und kommunikativ auftritt, sondern eher rational und nüchtern konfrontierend. Diese Verhaltensweisen werden Männern eher »zugestanden« und positiv bewertet. Bei Frauen fallen sie dagegen negativ auf.

Führungsaufgabe Kommunikation

In diesem Kapitel lernen Sie,

- Gespräche vor- und nachzubereiten,
- Beurteilungsgespräche professionell zu führen und nachhaltig zu gestalten,
- Feedback wertschätzend und hilfreich zu geben,
- Kritik empfängerorientiert zu formulieren und gemeinsam konstruktive Lösungen zu entwickeln,
- Trennungsgespräche zu führen und zu meistern.

Darum geht es in der Praxis

Kommunikation ist wie ein gemeinsamer Tanz. Beim gleichen Rhythmus werden wahrscheinlich beide Partner zufrieden sein. Wie der Tanz ist jede Kommunikation ein offener Prozess: Es lässt sich nicht vorhersagen, wie er verlaufen und was im Einzelnen passieren wird.

Bei der Kommunikation werden Sie sicherer, indem Sie sich vorbereiten und üben. Sie können Ihre Handlungsspielräume ausloten und Ihr Bewusstsein erweitern, wann Sie etwas tun und wann Sie es besser lassen sollten. So können Sie das Ergebnis positiv beeinflussen. Wie ein guter Tanzpartner werden Sie sich auf jedem Parkett der Kommunikation wohl fühlen.

Als Führungskraft ist eine hoch entwickelte Kommunikationsfähigkeit essenziell. So unterschiedlich, wie die Mitarbeiter sind, so unterschiedlich sind die Gesprächssituationen. Viele Einflussfaktoren bestimmen das Gesprächsergebnis – bei besonderen Gesprächsanlässen ist es somit sehr wichtig, sich intensiv vorzubereiten. Nehmen Sie Ihren Gesprächspartner sprichwörtlich an die Hand, um die Kommunikation zu führen und Ziele zu erreichen. Vertrauen Sie bei Gesprächen Ihrem Verstand und Ihrem Bauch.

> Wichtig ist nicht die gesendete, sondern die empfangene Botschaft! Diese Kommunikationsregel gilt es, bei jedem Gespräch zu beachten. Es ist wichtig, den Blickwinkel des Gesprächspartners einzunehmen und durch aktive Steuerungselemente zu analysieren, ob Ihr Gegenüber auch versteht, was Sie meinen.

Gespräche vorbereiten

Organisatorische Gesprächsvorbereitung

Übung 21

10 min

Nehmen Sie sich genügend Zeit, um das Gespräch vorzubereiten. Checklisten helfen Ihnen, den Überblick zu behalten. Verzetteln Sie sich nicht in Kleinigkeiten, sondern betrachten Sie das Gespräch von der Metaebene aus.

Checkliste: Organisation		
1	Wann findet das Gespräch statt?	
2	Wie viel Zeit ist eingeplant?	
	Für das eigene Anliegen	
	Für das Anliegen des Mitarbeiters	
3	Wo findet das Gespräch statt?	
	Besprechungsraum	
	Büro	
	Andere Räumlichkeiten	

Fortsetzung auf der nächsten Seite

4	Sind alle Störungen ausgeschaltet?	
	Telefon umgestellt	
	Keine Unterbrechung durch andere Mitarbeiter/ Kollegen	
5	Wurde der Mitarbeiter informiert	
	Zeit und Ort	
6	Sind alle Unterlagen vorbereitet?	
	Gesprächsleitfaden	
	Abmahnung	
	Mitarbeiterbogen	
7	Bestehen faire Sitzverhältnisse?	
8	Werden Getränke serviert?	

Praxistipp

Das Gespräch startet bereits mit der Einladung. Zu diesem Zeitpunkt beginnen Sie das Gespräch – nicht erst, wenn Sie aktiv in Ihrem Büro das Gespräch mit Ihrem Mitarbeiter eröffnen. Beziehen Sie diesen wichtigen Aspekt mit ein, wenn Sie das Gespräch vorbereiten.

Zielorientierte Gesprächsvorbereitung

Übung 22

15 min

Wenn Sie die Checkliste »Organisation« bearbeitet haben, geht es einen Schritt weiter. Sie sollten sich darüber im Klaren sein, welches Ziel Sie im Gespräch erreichen wollen.

Checkliste: Zielfokus
Das Gesprächsthema ist: ...
Der Gesprächsanlass ist: ...
Über diese Informationen verfügen Sie: ...
Diese Informationen müssen Sie noch einholen: ...
Dies sind die Muss- und Kann-Themen bei dem Gespräch: ...
Dieses Hauptziel wollen Sie verfolgen: ...
Was sind mögliche Teil- und Alternativziele, falls das Hauptziel nicht erreicht werden kann? ...
Meine Argumente, um das Ziel zu erreichen, sind: ...
Mit diesen Einwänden ist zu rechnen: ...
Mein persönliches Gefühl für dieses Gespräch ist: ...
Motive und Interessen des Mitarbeiters könnten sein: ...

Checkliste: Zielfokus
Konflikte könnte es geben bei folgenden Themen: …
Meine Argumentationskette bei Konflikten ist: …
Eine zufriedenstellende Lösung ist für den Mitarbeiter: … die Abteilung/das Team: … das Unternehmen/die Kunden: … mich: …

Praxistipps

Das Gespräch vorzubereiten dauert mindestens so lange, wie es durchzuführen. Behalten Sie neben Ihrem Tagesgeschäft Ihr Selbst- und Zeitmanagement im Auge: Nur wenn Sie sich gut und ausreichend mit dem Gesprächsverlauf beschäftigen, können Sie Ihre Führungsziele erreichen.

Beurteilungsgespräche führen

Wissen, was zur Beurteilung gehört

Übung 23
20 min

Die Arbeitsleistung und die Fähigkeiten der Mitarbeiter zu beurteilen ist eine kontinuierlich zu pflegende Führungsaufgabe. In der Praxis empfiehlt es sich, ein jährliches Beurteilungsgespräch zu führen. So können Sie erkennen, wie der Mitarbeiter bewusst an seiner beruflichen Professionalität arbeitet. Das Beurteilungsgespräch sollte auf drei Säulen basieren: Arbeitsleistung, Kompetenzen bzw. Arbeitsverhalten, Potenziale.

Die umfassende Beurteilung des Mitarbeiters ist in drei Schritten aufzubauen. Überprüfen Sie zunächst, ob Ihr Unternehmen über die folgenden wichtigen Hilfsmittel für die drei Schritte der kompetenten Mitarbeiterbeurteilung verfügt. Falls nicht, könnten Sie die Entwicklung anregen.

Schritt	Hilfsmittel
Beobachten	▪ Notizen Ihrer persönlichen Beobachtungen ▪ Checklisten ▪ Zeitpläne ▪ Gedächtnisprotokolle von Gesprächen, Teamsitzungen, Kundenpräsentationen
Beurteilen	▪ Stellenbeschreibung ▪ Anforderungsprofil ▪ Beurteilungskriterien ▪ Betriebswirtschaftliche Auswertungen ▪ Beitrag zum Deckungsbeitrag ▪ Einzel-, Abteilungs- und Unternehmenskennzahlen

Schritt	Hilfsmittel
Besprechen	▪ Beurteilungsformular ▪ Gesprächsleitfaden ▪ Selbsteinschätzung des Mitarbeiters ▪ Aufzeichnungen von vorangegangenen Beurteilungsgesprächen

Praxistipps

- Auch bei diesen Gesprächen gilt: Vorbereitung ist alles!
- Beurteilungsgespräche können Karrieren bestimmen.
- Erklären Sie Ihre Beurteilungen immer anhand von konkreten Daten und Fakten.
- Beschreiben Sie detaillierte Situationen und Ereignisse.
- Stellen Sie Kontrollfragen, um sicherzustellen, dass Ihr Mitarbeiter Ihre gesendete Botschaft versteht.
- Agieren Sie flexibel und offen und ändern Sie Ihre Beurteilung, falls Ihr Mitarbeiter Sie überzeugt.
- Wahrnehmung ist immer subjektiv – beurteilen Sie nie vorschnell.
- Beurteilen Sie über einen längeren Zeitraum.

Beurteilungsfehler: Das kann jedem passieren

Übung 24
10 min

Analysieren Sie das Verhalten von Herrn Bosse und bewerten Sie die Beurteilungen – welche Fehler können Sie erkennen?

1. Herr Bosse verlangt von sich 150-prozentigen Arbeitseinsatz und ebensolche Arbeitsqualität. Überstunden gehören zu seinem Arbeitsalltag, eine 60-Stunden-Woche ist völlig normal für ihn. Selbstverständlich verlangt er von seinen Mitarbeitern das gleiche Engagement. Im letzten halben Jahr hat er bei seiner Mitarbeiterin Rosi Rot festgestellt, dass sie ihre Arbeit zwar gut erledigt, jedoch meistens »Dienst nach Vorschrift« macht. Herr Bosse möchte ihr in seinem Beurteilungsgespräch vermitteln, dass Überstunden einen hohen Arbeitseinsatz beweisen und zwangsläufig abzuleisten sind.
2. Alle Mitarbeiterbeurteilungen von Herrn Bosse fallen positiv aus. Er achtet auf ein harmonisches Gespräch und akzeptiert großzügig Fehler. Einwände und Rechtfertigungen seiner Mitarbeiter nimmt er offen an. Mit Konsequenzen müssen die Mitarbeiter nicht rechnen.
3. Herr Bosse weiß genau, dass seine Menschenkenntnis ihn immer richtig urteilen lässt. Innerhalb kurzer Zeit schätzt er seine Mitarbeiter ein und meint auch, bei neuen Teammitgliedern schnell herauszufinden, wie sie »ticken«.

Lösung

Beurteilungsfehler liegen häufig in der Persönlichkeit der Führungskraft. Diese Wahrnehmungsverzerrungen treten stärker auf, wenn die Führungskraft meint, sie sei »fertig« in ihrer individuellen Entwicklung. Unsere Führungskraft Herr Bosse zeigt die drei wichtigsten Verzerrungen.

1. **Der »low scorer« bzw. der fordernd-strenge Beurteiler:** Hier sind die eigene Erwartungshaltung und die individuelle Anspruchshaltung Basis der Beurteilung. Dieser strenge Maßstab wird auch bei den Mitarbeitern angelegt. Überdurchschnittliche Leistungen gehören zum Normalzustand. Die Beurteilungen sind zu streng.
2. **Der »high scorer« bzw. der nachsichtig-zurückhaltende Beurteiler:** Harmonie und ein hoher Grad an partnerschaftlicher Mitarbeiterführung sind kennzeichnend für diesen Typ. Fehler werden großzügig akzeptiert, da dadurch Konflikte nicht ausgetragen und aktiv bearbeitet werden müssen. Der Mut sich festzulegen fehlt. Die Beurteilungen sind zu milde – die Aussagen schwammig und ohne deutliche Konturen.
3. **Der »prejudicer« bzw. selektiv wahrnehmende Beurteiler:** Er verlässt sich auf sein Vorurteil, das leicht zur Verurteilung umschlagen kann. In seinen Beurteilungen spiegeln sich deshalb unter Umständen zu stark die eigenen Lebenseinstellungen und Erfahrungen wider.

Praxistipp: Allgemeine Wahrnehmungsverzerrungen vermeiden

- **Halo- bzw. Überstrahlungseffekt:** Ein auffälliges Charaktermerkmal wirkt sich prägend auf das Gesamtbild des Mitarbeiters aus. Hier ist es egal, ob es eine positive oder negative Eigenschaft ist. Die wahrgenommene Verhaltensweise überstrahlt alle neuen Wahrnehmungen. Zum Beispiel wird ein eloquenter Verkäufer als intelligent, kommunikativ und konfliktfähig eingeschätzt, ohne fundiert beobachtet worden zu sein.
- **Ähnlichkeits- bzw. Sympathieeffekt:** Parallelen im Lebenslauf, in Hobbys, Ansichten, Urlaubsplanung etc. können zu diesem Effekt führen. Sie sorgen dafür, dass uns eine Person gleich sympathischer erscheint. Wir beurteilen dann zu großzügig positiv. Stimmt wenig oder nichts überein, so neigen wir zu einer zu strengen negativen Beurteilung.
- »**Weißer Kittel**«- **bzw. Hierarchieeffekt:** Titel, Status und Hierarchiestufe führen dazu, dass tendenziell aufgewertet wird. Ein Mediziner im weißen Kittel wird durch seinen beruflichen Status als kompetent eingeschätzt und erhält einen deutlichen »Vorschussbonus«. Bei der Beurteilung von Mitarbeitern heißt dies, dass sich diese an der Vergangenheit und den Karriereschritten orientiert statt an konkret Beobachtetem.

Wichtig ist, dass Sie sich als Führungskraft immer Ihrer eigenen Vorurteile bewusst sein müssen! Berücksichtigen Sie diese bei der Beurteilung Ihrer Mitarbeiter und vermeiden Sie Verzerrungen.

Vorbereitung des Beurteilungsgesprächs

Übung 25

10 min

Ein erfolgreiches Beurteilungsgespräch muss intensiv vorbereitet werden. Gesprächstermin und -ort sind den Mitarbeitern frühzeitig mitzuteilen. Haben Sie mehrere Mitarbeiter, so versuchen Sie die Gespräche komprimiert zu führen. Ihren Mitarbeitern soll das Beurteilungsgespräch als Resümee für das vergangene Jahr dienen und als Ausblick für das kommende. Ihnen diente es dazu, die Selbsteinschätzung und Bedürfnisse der Mitarbeiter zu erfahren. So erhalten Sie Feedback über Ihren Führungsstil und Ihre Akzeptanz in der Abteilung. Füllen Sie vor jedem Gespräch die folgenden Checklisten aus.

Checkliste: Beurteilung gut durchgeführt?	
Meine Beobachtungen sind fortlaufend und regelmäßig.	
Meine Beobachtungen habe ich in einem festen Beurteilungszeitraum angestellt.	
Mir liegt eine ausreichende Anzahl von Einzelbeobachtungen vor.	
Ich verfüge über genügend Beobachtungsprotokolle und detaillierte Notizen.	
Der Bewertungsmaßstab ist immer gleich.	
Beurteilungsfehler konnte ich weitgehend ausschließen.	
Ich habe aufgrund von sachlichen, stichhaltigen und abgesicherten Daten und Fakten beobachtet und beurteilt.	

Checkliste: Inhaltliche Vorbereitung
Die wichtigsten Punkte, die im Gespräch behandelt werden, sind: … …
Mein Mitarbeiter wird im Gespräch voraussichtlich so reagieren: … …
Diese Einwände könnten vom Mitarbeiter kommen: … …
Diese Ergebnisse möchte ich erzielen: … …
Organisatorische Rahmenbedingungen sind geklärt: ▪ Der Mitarbeiter wurde frühzeitig eingeladen. ▪ Den Beurteilungsbogen mit Anforderungskriterien und ▪ Erläuterungen erhielt der Mitarbeiter vorab. ▪ Es ist ausreichend Zeit plus Pufferzeit für das Gespräch eingeplant.

> Händigen Sie Ihrem Mitarbeiter als Vorbereitungshilfe für das Gespräch den Beurteilungsbogen mit den Anforderungskriterien und den erläuterten Beschreibungen aus (siehe Übung 18).

Praxistipp: Der rote Faden beim Beurteilungsgespräch

Der Ablauf eines Beurteilungsgesprächs ist nie exakt vorhersehbar. Auch wenn Sie sich detailliert und ausführlich im Vorfeld damit beschäftigen, ist es wichtig, im Gespräch flexibel zu bleiben. Der folgende Leitfaden soll Ihnen helfen, sich nicht zu verzetteln und alle Details zu beachten.

> Geben Sie Ihrem Mitarbeiter viel Zeit und Raum für seine Äußerungen, Anregungen, Bedürfnisse und Gefühle! Der Redeanteil des Mitarbeiters sollte mindestens 70 Prozent betragen.

Leitfaden Beurteilungsgespräch

Ein positiver Gesprächseinstieg weckt Interesse und baut Vertrauen auf!

Starten Sie mit einer kurzen »Aufwärmphase«. Sprechen Sie mit dem Mitarbeiter über etwas, das ihn persönlich betrifft. Kommen Sie dann schnell und zügig zu den Gesprächsinhalten. Erläutern Sie Ihrem Mitarbeiter das Vorgehen und Ziel.

Selbsteinschätzung Ihres Mitarbeiters:

Ihr Mitarbeiter sollte nach der Eröffnung des Beurteilungsgesprächs die Gelegenheit erhalten, sich selbst zu beurteilen. Unterbrechen Sie ihn nicht dabei! Hören Sie aktiv zu und stellen Sie gegebenenfalls Verständnisfragen.

Einschätzung der Führungskraft:

Beschreiben Sie Ihre Sichtweise. Die Selbsteinschätzung Ihres Mitarbeiters können Sie nun ergänzen, bestätigen und/oder korrigieren. Erklären Sie Ihre Einschätzung anhand von Beispielen und den gesammelten Daten und Fakten. Gehen Sie in Ihrer Argumentation auch auf grundlegende Verhaltensweisen Ihres Mitarbeiters ein und zeigen Sie deren Wirkung auf die einzelnen Tätigkeitsbereiche auf. Vermeiden Sie eine pauschale Gesamtbeurteilung. Ihre Aussagen sollen eine differenzierte, nachvollziehbare, individuelle Einschätzung ergeben. So wirken Sie überzeugend auf Ihren Mitarbeiter.

Platz für Gefühle:

Der Gefühlsebene ist bei jedem Beurteilungsgespräch ausreichend Platz einzuräumen. Geben Sie Ihrem Mitarbeiter Gelegenheit, Unzufriedenheit, Ärger oder Enttäuschung zu äußern. Sie erhalten so die Chance, die Motive und Bedürfnisse Ihres Mitarbeiters kennenzulernen.

Die Sachebene beachten:

Erarbeiten Sie gemeinsam mit Ihrem Mitarbeiter Lösungen. Achten Sie darauf, nicht in einen Monolog zu verfallen. Suchen Sie aktiv im Gespräch nach Ursachen für Stärken und Schwächen. Entwerfen Sie Lösungsmöglichkeiten und übertragen Sie Ihrem Mitarbeiter die Mitverantwortung für sein Handeln.

Ergebnisse fixieren:

Halten Sie alle Ergebnisse und Maßnahmen schriftlich fest.

Notieren Sie, wenn es unterschiedliche Wahrnehmungen und somit Einschätzungen gibt. Diese gesammelten Ergebnisse helfen Ihnen beim nächsten Beurteilungsgespräch. Die Entwicklung ist deutlicher abzulesen und nachvollziehbarer.

Ziele eindeutig und erreichbar formulieren:

Welches sind die Erwartungen, die Sie an den Mitarbeiter stellen?

Welchen Entwicklungsplan/welche Hilfestellungen sehen Sie für den Mitarbeiter vor?

Bis zu welchem Zeitraum sollen die Maßnahmen durchgeführt werden?

Wirkungsvoll Feedback geben

Richtig formulieren

Übung 26

5 min

Feedback ist unerlässlich für die funktionierende Beziehung zwischen Ihnen und Ihren Mitarbeitern. Nehmen Sie ein Blatt Papier zur Hand und formulieren Sie die folgenden Aussagen so um, dass der Empfänger das Feedback annehmen und sein Verhalten überdenken kann.

1. »Sie haben den Fehler jetzt schon zum fünften Mal gemacht. Noch einmal, dann werden Sie mit Sanktionen rechnen müssen.«
2. »Wie oft ist Ihnen das Programm schon erklärt worden?«
3. »Regen Sie sich doch nicht so auf. Als Mitarbeiter sollten Sie unsere Geschäftsführung doch schon längst kennen. Die erfinden das Rad eben immer wieder neu.«
4. »Als Auszubildender müssen Sie kundenorientiert sein.«
5. »Sie sind aber ganz schön oft krank!«
6. »Für die gesamte Abteilung gibt es eine Urlaubssperre im Dezember. Urlaube werden keinesfalls genehmigt!«

Lösungstipps

- Formulieren Sie Ich-Botschaften. Äußern Sie Ihre Gefühle zu den Ich-Botschaften.
- Geben Sie verständliche Handlungsanweisungen.
- Lob und Anerkennung sowie richtig ausgesprochene und konstruktive Kritik sollten sich die Waage halten.

Lösung

1. »Ich erkläre es Ihnen noch einmal ganz detailliert. Bitte schreiben Sie mit und fragen Sie mich, wenn Sie etwas nicht verstehen. Nachher erklären Sie mir bitte diesen Arbeitsschritt, als wäre ich der neue Mitarbeiter.«
2. »Ich sehe, Sie haben noch Schwierigkeiten mit dem neuen Programm. Die Software war auch für mich eine Herausforderung. Wie kann ich Ihnen helfen, damit Sie sich besser zurechtfinden?«
3. »Ich kann Ihren Ärger verstehen. Ich bitte Sie aber um Ihr Verständnis in dieser Sache und baue auf Ihre Loyalität.«
4. »Ich erkläre Ihnen, was ich und das Unternehmen unter Kundenorientierung verstehen. Ich weiß noch gut, wie ich damals meine Ausbildung gestartet habe.«
5. »In letzter Zeit sind Sie auffällig oft krank. Deshalb mache ich mir Sorgen um Sie und ihre Gesundheit. Gern will ich ihnen helfen.«
6. »Für den Dezember kann ich leider keine Urlaube genehmigen. Ich kann Ihren Ärger darüber verstehen. Aber dieser Projektabschluss ist sehr wichtig für unsere Abteilung. Wir erzielen mit diesem Kunden 40 Prozent unseres Jahresumsatzes. Ich will keine Arbeitsplätze gefährden und baue auf Ihre Solidarität.«

Praxistipps

- Geben Sie zeitnahes Feedback.
- Äußern Sie Ihre Kritik nur im Vieraugengespräch.
- Durch Feedbackgespräche bleiben Sie mit Ihren Mitarbeitern ständig im Gespräch. Sie pflegen damit die Beziehungs- und die Sachebene. Regelmäßiges Feedback vermeidet Missverständnisse zwischen Ihnen und Ihren Mitarbeitern. Konflikte können so bereits im Keim bearbeitet werden.
- Führungskräfte geben oft nicht genügend Feedback – weder positiv noch negativ. Häufiges Feedback ermöglicht Ihnen neben den Führungsinstrumenten Beurteilungs- und Mitarbeitergespräch einen spontanen Austausch im Arbeitsalltag. Für die Mitarbeiter ist das Feedback von Ihnen als Vorgesetztem ein Barometer, wie zufrieden Sie mit der Arbeitsleistung sind. »Nicht geschimpft ist gelobt genug!« – dieses schwäbische Sprichwort ist die Killerphrase jeder Führungskraft. Konstruktiv Feedback zu geben ist eine hohe Führungskunst. Ihr Mitarbeiter soll nicht dazu motiviert werden, Ihre Wahrheit als unumstößlich hinzunehmen. Er soll vielmehr dazu motiviert werden, sein Verhalten zu reflektieren und sich bewusst zu machen, was er mit seinen Verhaltensweisen bei Ihnen auslöst.

> Behandeln Sie alle Ihre Mitarbeiter gleich! Loben Sie auch Mitarbeiter, die Ihnen nicht so sympathisch sind. Loben Sie die Leistung, nicht den Menschen!

- Inhalte für Feedbackgespräche können sein: Lob und Anerkennung
  Kritik aufgrund mangelnder Leistung
  Fehlerbehebung/Einhaltung von Sicherheitsvorschriften
  Resümee nach einer Präsentation beim Kunden, nach erfolgtem Projektabschluss oder nach der Projektarbeit
  Kooperation und Zusammenarbeit mit Kollegen Akquisitionsleistungen
  persönliches Engagement des Mitarbeiters Ziel- und Arbeitsüberprüfung.

Ihre eigene Feedbackerfahrung

Übung 27
10 min

Überlegen Sie, von wem Sie das letzte Mal Feedback erhalten haben: von Ihren

- Mitarbeitern
- Vorgesetzten
- Kollegen
- Kunden
- Freunden und Familie?

1. Welches Feedback war für Sie hilfreich und förderlich?

   …

   …

   …

2. Welches haben Sie als »Umerziehung« empfunden?

   …

   …

   …

3. Woran erkennen Sie, dass Feedback für Sie hilfreich ist?

   …

   …

   …

Lösung

Bauen Sie Ihre Feedbackerfahrung aktiv aus. Sie erhalten so Einblick in andere Wahrnehmungswelten und können sich als Führungskraft unterschiedliche Perspektiven aneignen.

Praxistipps: Der Feedbackgeber

- Achtung gegenüber dem anderen in seiner Einmaligkeit sowie eine grundlegende wertschätzende Haltung sind die Grundvoraussetzung für den Feedbackgeber.
- Verhalten und Ergebnisse, die im beruflichen Kontext die Zusammenarbeit stören, sowie fehlende Arbeitsergebnisse oder mangelnder Einsatz sollen beschrieben werden. Die Person bleibt dabei immer unangetastet.
- Teilen Sie nur Ihre eigene Wahrnehmung mit.
- Bleiben Sie in der Gegenwart und holen Sie keine Leichen aus dem Keller. Geben Sie vielmehr zeitnah und konkret Feedback.
- Regen Sie eigenverantwortliche Änderungen an, bauen Sie keinen moralischen Druck auf. Zeigen Sie die Folgen des störenden Verhaltens auf.

Der Feedbackempfänger

- Zuhören, zuhören, zuhören! Versuchen Sie die Sicht des anderen zu verstehen.
- Teilen Sie genau mit, worüber Sie Feedback haben wollen! So schützen Sie sich vor pauschalen Aussagen.
- Zum Schluss: Geben Sie eine kurze »Gefühlsrückmeldung«.

Trennungsgespräche führen

Eigene Trennungserlebnisse bewerten

Übung 28

15 min

Als Führungskraft müssen Sie in der Regel auch Trennungsgespräche führen – für viele eine schwierige Aufgabe. In dieser Übung können Sie aus der Rückschau auf die eigenen Trennungserfahrungen Ihr Einfühlungsvermögen sensibilisieren, um ein möglichst »neutrales« Trennungsgespräch zu führen. Zeichnen Sie einen Zeitstrahl auf:

Punkt Null markiert Ihre Geburt, das Ende des Pfeils Ihr momentanes Alter. Lassen Sie nun Ihr Leben Revue passieren und notieren Sie alle Erlebnisse (beruflich wie privat), die Sie mit Trennung verbinden: z. B. Schulwechsel, Auszug von zu Hause, Studienplatzwechsel, Scheidung der Eltern, Trennung nach einer Beziehung, Tod eines Freundes/Verwandten, Berufswechsel usw. Lassen Sie Ihre Gefühle von damals auf sich wirken, bewerten Sie die Trennungserlebnisse auf einer Skala von »sehr positiv« (+ + +) bis »sehr negativ« (- – -) und tragen das Erlebnis entsprechend ein.

Überlegen Sie sich nun, was an den Wendepunkten passiert ist. Was führte dazu, dass sich Ihre Gefühle wieder in den Plusbereich bewegen konnten? Wie lange brauchten Sie in der Trennungsphase, um in Ihren Alltag zurückzufinden?

Lösung

Bei dieser Übung können Sie nicht richtig oder falsch antworten. Als Führungskraft wirken Sie glaubwürdig, wenn Sie authentisch agieren. Machen Sie sich deshalb Ihre positiven und negativen Gefühle bewusst.

> Wird der Arbeitsplatz gekündigt, so ist dies ein kritisches Lebensereignis. Kritische Lebensereignisse können tiefe persönliche Krisen auslösen, wie z. B. Depressionen. Gehen Sie behutsam mit Ihrem Mitarbeiter um und lassen Sie ihn spüren, dass er für Sie nicht nur ein Funktionsträger, sondern ein Mensch mit Gefühlen ist.

Das Kündigungsgespräch führen

Übung 29
10 min

Herr Bosse hat durch den aktuellen Vorstandsbeschluss erfahren, dass er einen Mitarbeiter seiner Abteilung kündigen muss. Aufgrund der schlechten Auftragslage und des Verlusts des umsatzstärksten Kunden werden Umstrukturierungsmaßnahmen durchgeführt. Nach Rücksprache mit der Personalabteilung und dem Betriebsrat hat sich Herr Bosse entschlossen, die Teamassistentin Rosi Rot zu entlassen. Die restlichen Mitarbeiter können am leichtesten ihre Arbeiten übernehmen. Frau Rot ist ledig und hat keine Unterhaltsverpflichtungen. Sie wird auf dem Arbeitsmarkt am ehesten eine neue Stelle finden.

Nach einer schlaflosen Nacht weiß Herr Bosse noch immer nicht die optimale Lösung, wie er dieses Trennungsgespräch führen soll. Wie würden Sie das Gespräch aufbauen? Skizzieren Sie auf einem Blatt Papier einen Gesprächsleitfaden nach folgenden Hauptpunkten:

1. Die Trennungsentscheidung darlegen
2. Reaktionen würdigen, Gefühle akzeptieren
3. Organisatorisches bis zum Ende des Arbeitsvertrags

Lösung

1. **Die Trennungsentscheidung darlegen:**
   Kommen Sie schnell auf den Punkt.
   Vermitteln Sie die Entscheidung klar und deutlich.
   Legen Sie den Entscheidungsweg dar, ohne sich zu rechtfertigen.
   Geben Sie das genaue Trennungsdatum bekannt.
2. **Reaktionen des Mitarbeiters würdigen, Gefühle akzeptieren:**
   Hören Sie aktiv zu.
   Akzeptieren Sie Gefühlsausbrüche wie Ärger, Tränen, Verzweiflung, Resignation und halten Sie sie aus!
   Zeigen Sie Ihre Betroffenheit und nehmen Sie alle Reaktionen ernst.
   Diskutieren Sie Ihre Entscheidung nicht und verteidigen Sie sich nicht.
   Machen Sie auf keinen Fall falsche Versprechungen oder Hoffnungen.
3. **Organisatorisches bis zum Ende des Arbeitsvertrags:**
   Bieten Sie dem Mitarbeiter an, sich den heutigen Tag frei zu nehmen, um die Nachricht zu verdauen.
   Klären Sie das Trennungsprozedere (Resturlaub, Zeugnis, vorzeitige Freistellung).
   Bieten Sie Hilfestellung an, wenn möglich, z. B. in Form eines Bewerbungscoachings.

Praxistipp: Leitfaden Trennungsgespräch

Ein Trennungsgespräch ist hochsensibel. Stellen Sie sich auf starke Gefühle bei Ihrem Gegenüber ein: Von stillem Hinnehmen über Rückzug bis zu Tränen kann die ganze Gefühlspalette zum Ausdruck kommen. Mit folgendem Leitfaden können Sie sich vorbereiten.

Einleitung:

- Achten Sie auf ein ungestörtes Umfeld.
- Eröffnen Sie höflich und freundlich das Gespräch.
- Vermeiden Sie es, um den heißen Brei zu reden.

Gesprächsanlass:

- Nennen Sie Gründe für die Trennung.
- Erklären Sie Hilfestellungen vom Unternehmen, z. B. Bewerbungscoaching, spezielle Seminare.
- Benennen Sie deutlich Beziehungsebene und Gefühle: »Ich kann sehr gut verstehen, dass das ein Schock für Sie ist.«
- Ihre Authentizität ist gefragt. Äußern Sie keine Phrasen, sondern ehrliche Gefühle.

Die Sichtweise Ihres Mitarbeiters:

- Lassen Sie Ihrem Mitarbeiter genügend Zeit, die Trennung »zu verdauen«.
- Unterbrechen Sie ihn nicht, geben Sie ihm genügend Raum.

Frustration und Gefühle zulassen:

- Geben Sie Ihrem Mitarbeiter die Möglichkeit, seinen Gefühlen Luft zu machen.
- Akzeptieren Sie Unsachlichkeiten. Emotionalität ist in dieser Situation erlaubt!
- Kommentieren Sie die Äußerungen des Mitarbeiters nicht.
- Leiten Sie zum eigentlichen Trennungsgespräch über.

Die Fakten:

- Benennen Sie den Zeitpunkt der Kündigung.
- Erklären Sie den organisatorischen Ablauf.
- Weisen Sie eventuell auf ein zweites Gespräch mit der Personalabteilung hin.
- Klären Sie, wie Ihr Mitarbeiter die Kündigung im Team kommunizieren will.

Abschluss des Trennungsgesprächs:

- Bieten Sie Hilfe im Rahmen Ihres Handlungsspielraums an.
- Empfehlen Sie Ihrem Mitarbeiter, den »Schock« erst einmal zu verdauen.

Ziele setzen, kontrollieren und motivieren

In diesem Kapitel lernen Sie,

- wie Sie Ziele klar und motivierend für Ihre Mitarbeiter definieren,
- wann und wo Kontrolle notwendig ist, um die Ziele zu erfüllen,
- wie Sie Zielabweichungen minimieren,
- wie Sie die Leistungen Ihrer Mitarbeiter wirkungsvoll anerkennen und ihr Potenzial fördern.

Darum geht es in der Praxis

Als Führungskraft sollen Sie Ihre Ziele und die Ihrer Mitarbeiter deutlich vor Augen haben. Es gibt extrinsische und intrinsische Ziele. Bei den extrinsischen Zielen wird das Ziel vorgegeben: Von außen werden Forderungen an den Mitarbeiter gestellt, die er zu erfüllen hat, z. B. eine Umsatzsteigerung von 14 Prozent oder neun Kundenbesuche pro Woche. Anreize wie Geld, Privilegien, Status und Titel machen es dem Mitarbeiter »schmackhaft«, die extrinsisch formulierten Ziele zu erreichen.

Bei den intrinsischen Zielen steht die Selbstmotivation des Mitarbeiters im Vordergrund. Ist Ihr Mitarbeiter innerlich »entflammt« für die Ziele, schlägt sich das unmittelbar in seiner Arbeitsleistung nieder. Für die Zielformulierung ist deshalb wichtig: Setzen Sie die Brille Ihres Mitarbeiters auf. Wenn Sie wissen, was Ihr Mitarbeiter für wichtig erachtet, können Sie einen Zusammenhang zwischen seinem individuellen Antrieb und den Unternehmenszielen herstellen. Ziele können nur mit einer langfristigen, beständigen Motivation erreicht werden. Intrinsische Motivationsfaktoren sind: Anerkennung, inhaltlich attraktive Tätigkeiten, Verantwortung, Kompetenzerweiterung und Fortbildungsmaßnahmen.

Beim Führen mit Zielen verbinden Sie als Führungskraft zwei grundlegende Führungsdimensionen: die Ergebnis- und die Mitarbeiterorientierung. Nicht die konkreten Aufgaben werden in den Mittelpunkt gestellt, sondern die übergeordneten Ziele.

Motivierende Ziele definieren

Ziele definieren **Übung 30**

15 min

Sie können Ihre Mitarbeiter zielorientiert führen, wenn Sie sich zunächst die Grundsatzziele des Unternehmens deutlich vor Augen führen. Beantworten Sie sich dafür folgende Fragen:

- Welche Vision und welchen Auftrag
  - verfolgt das Unternehmen?
  - verfolgt meine Abteilung/mein Team?
  - verfolge ich?
- Was erwarten die Kunden von uns?
- Welches sind die wesentlichen Erfolgsfaktoren des Unternehmens?
- Welche Anreize gibt es bei der Zielerreichung?
- Wie werden die Ziele kontrolliert?
- Gibt es Anteilseigner, stille Teilhaber, denen ich verpflichtet bin?
- Welche Werte bestimmen die Zusammenarbeit im Unternehmen?

Lösung

Im folgenden Schaubild erhalten Sie den Gesamtüberblick und können durch diese Visualisierung Ihren Mitarbeitern das »große Ganze« darlegen.

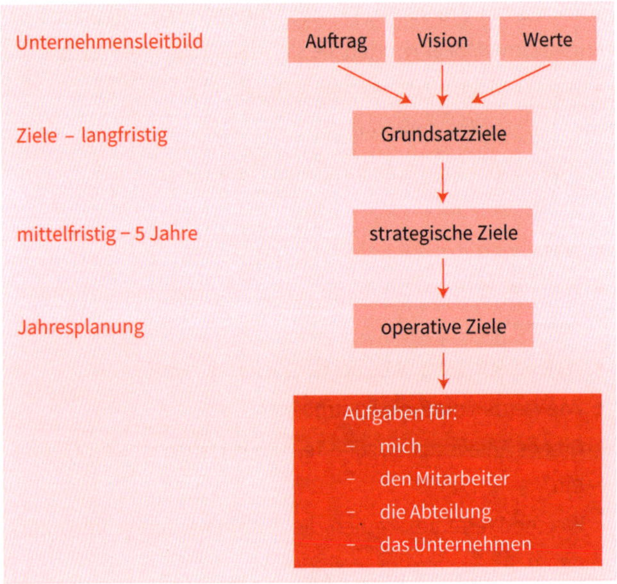

Die visualisierte Zieldarstellung erfasst die zeitliche und hierarchische Dimension der einzelnen Unternehmenseinheiten. Unternehmensziele werden so nach Bereichs-, Abteilungs-, Team- und persönlichen Mitarbeiterzielen untergliedert. Basis ist die Funktions- und Stellenbeschreibung.

Motivierend formulieren

Übung 31

10 min

Formulieren Sie die unten stehenden Ziele mithilfe der SMART-Formel um. SMART bedeutet:

- S Spezifisch
- M Messbar
- A Anspruchsvoll, attraktiv, allein erreichbar
- R Realistisch
- T Terminiert

1. »Alle Kunden müssen innerhalb von 24 Stunden eine Antwort auf ihre E-Mail erhalten.«

   Die SMART-Formulierung: »Wir verlieren Kunden, wenn wir nicht schnell reagieren. E-Mails werden innerhalb eines Arbeitstages beantwortet.«

2. »Das neue Produkt muss schnell eingeführt werden.«

   Die SMART-Formulierung:

   …

   …

   …

3. »In zwei Wochen muss jeder in der Abteilung die neue Betriebssoftware kennen und fehlerfrei damit arbeiten.«

   Die SMART-Formulierung:

   …

   …

   …

4. »Bis zum 4. Quartal sollen 15 Prozent neue Kunden akquiriert werden.«

   Die SMART-Formulierung:

   ...

   ...

   ...

Lösungstipps

- **Spezifisch:** Beschreiben Sie das Ziel so konkret und so knapp wie möglich.
- **Messbar:** Verwenden Sie eindeutige quantitative oder qualitative Kriterien. Mit diesen können Sie prüfen, inwieweit die Ziele erreicht sind.
- **Anspruchsvoll und attraktiv:** Nutzen Sie das Potenzial Ihrer Mitarbeiter. Achten Sie darauf, sie nicht zu überfordern – oder erwarten Sie von einem unsportlichen Mitarbeiter, dass er in zwei Wochen einen Marathon läuft?
- **Realistisch:** Das Ziel sollte grundsätzlich erreichbar sein. Stellen Sie die notwendigen Ressourcen bereit, wie z. B. Zeit, Büroausstattung, Firmenwagen, mobile Kommunikationsmittel.
- **Terminiert:** Nennen Sie einen Zeitpunkt, wann das Ziel erreicht sein muss. Begnügen Sie sich auf keinen Fall mit der Vorgabe eines Zeitraums. Halten Sie ein konkretes Datum fest – Kontrolle ist so für Sie und Ihren Mitarbeiter immer möglich.

Lösung

1. **Fehler:** Problemfokussiert, unattraktiv formuliert, Grund nicht erkennbar
   Die SMART-Formulierung: »Wir verlieren Kunden, wenn wir nicht schnell reagieren. E-Mails werden innerhalb eines Arbeitstages beantwortet.«
2. **Fehler:** Kein Termin, unspezifisch
   Die SMART-Formulierung: »Bis zum 15. August 20xx erfahren unsere Kunden von dem neuen Produkt.«
3. **Fehler:** Nicht realistisch, zu anspruchsvolles Ziel
   Die SMART-Formulierung: »Die neue Betriebssoftware erleichtert uns die Arbeit. Wir brauchen alle unsere Zeit, um es optimal anwenden zu können. Geben Sie mir bis zum 4. September 20xx Bescheid, wie die Einarbeitungsphase läuft.«
4. **Fehler:** Unspezifisch, nicht schnell und deutlich messbar
   Die SMART-Formulierung: »Bis zum 31. Dezember 20xx brauchen wir acht neue Kunden – das wäre ein guter Start ins neue Jahr.«

Praxistipps: Zielkommunikation

- Den Mitarbeiter, der seinen Aufgabenbereich aus dem Effeff kennt und nicht über den Tellerrand blicken will, gibt es sicher. Die Mehrheit der Mitarbeiter möchte jedoch wissen, welche Auswirkungen ihre Arbeit hat. Als Führungskraft sollen Sie also darauf achten:
  - wie das Ziel lautet,
  - was die Inhalte sind und
  - wozu die Aufgabe notwendig ist.
- Gemeinsamkeit macht stark! Kommunizieren Sie immer wieder die Ziele. Teilen Sie Ihren Mitarbeitern mit, inwieweit ihr Arbeitsalltag und die täglich anfallenden Aufgaben helfen, das Gesamtziel zu erreichen.
- Durch Zielkommunikation erreichen Sie eine reibungslose Verbindung zwischen individuellen Zielen und Unternehmenszielen.
- Positiv formulierte Ziele sind attraktiv. Realistische Ziele sind motivierend und spornen an.

> Die Zielvereinbarung ist ein zukunftsorientiertes Führungsinstrument. Achten Sie darauf, mit Ihren Mitarbeitern die Ziele ständig zu prüfen: Eine Zielbeschreibung ist keine Aufgabenbeschreibung. Stellen Sie sich und den Mitarbeitern die Frage: Ist der erstrebenswerte Zustand (Ziel) oder eine Aufgabe auf dem Weg zum Ziel formuliert?

Ziele vereinbaren

Gespräche mit Zielvereinbarung führen

Übung 32
10 min

Peter Bosse bittet seinen Mitarbeiter Jürgen Blaubart zu einem Zielvereinbarungsgespräch. Als Kundenberater kennt Herr Blaubart die Ansprüche und Wünsche seines Betreuungskreises sehr gut. Nun soll der Betreuungskreis von Herrn Blaubart vergrößert werden: Als zusätzliches Gebiet wird die Ukraine beworben, und seine Umsätze sollen sich bis zum dritten Quartal des nächsten Jahres um 25 Prozent steigern.

Entwickeln Sie das Zielvereinbarungsgespräch, indem Sie für jeden Abschnitt ein oder zwei mögliche Kernsätze formulieren. Teilen Sie hierzu das Gespräch in drei Abschnitte ein:

1. Begrüßung und Eröffnung
2. Bewertung und Perspektiven
3. Vereinbarung und Kontrollmechanismen.

Lösungstipps

Versetzen Sie sich in die Lage von Herrn Blaubart:

- Welche Motivation vonseiten Ihres Vorgesetzten würden Sie benötigen?
- Wie sollte das Ziel für Sie dargestellt werden, um Ihren Ehrgeiz zu wecken?

Lösung

1. **Begrüßung und Eröffnung:**
   »Herr Blaubart, wir wollen unseren Kundenkreis erweitern. Als zusätzliches Gebiet wird die Ukraine beworben. Bis zum dritten Quartal nächsten Jahres soll dort ein Umsatzplus von 25 Prozent generiert werden. Ihre Sicht ist mir wichtig – was könnten Sie beitragen, um das Ziel zu erreichen?«
2. **Bewertung und Perspektiven:**
   »Das sind praktikable Vorschläge! Wie würden Sie sie mit Blick auf das Ziel »Umsatzsteigerung 25 Prozent« gewichten? Benötigen Sie organisatorische oder personelle Unterstützung?«
3. **Vereinbarung und Kontrollmechanismen:**
   »Wir stellen einen detaillierten schriftlichen Ablaufplan auf. Dieser Plan sollte den Zeitrahmen und Zeitpuffer enthalten. Lassen Sie uns auch die Abstände der Kontrollzeiten einbauen. So können wir prüfen, ob das Ziel erreicht ist.«

Zielabweichungen minimieren

Umgang mit Zielabweichungen

Übung 33

10 min

Herr Bosse erhält eine E-Mail von seinem Mitarbeiter Herrn Blaubart, der auf Geschäftsreise in Tokio ist. Hier hat sich herausgestellt, dass die Lieferanten mit der Produktion der Mikrobauteile deutlich im Verzug sind. Ohne diese Bauteile kommt die gesamte Produktion in Asien in deutlichen Zeitverzug. Das dargestellte Problem ist für Herrn Bosse so komplex, dass er beschließt, Herrn Blaubart anzurufen und direkt mit ihm zu kommunizieren.

Welche Fragen sollte Herr Bosse seinem Mitarbeiter in Tokio stellen? Versuchen Sie das Problem von verschiedenen Seiten zu beleuchten und stellen Sie Fragen

- zur Situation und zu den aufgetretenen Problemen,
- zum optimalen Endzustand bei Zielerreichung,
- zu Lösungsmöglichkeiten,
- zu im Unternehmen bekannten Strategien bei ähnlichen Problemstellungen,
- zu Ihrer Entscheidung und der Meinung des Mitarbeiters,
- zu Ihrem gemeinsamen Aktionsplan.

Lösung

Situation und aufgetretene Probleme	▪ Wie ist die Situation? ▪ Wie ist es dazu gekommen? ▪ Welche Auswirkungen sind aufgetreten? ▪ Was passiert, wenn wir nicht reagieren?
Optimaler Endzustand bei Zielerreichung	▪ Wie kann das Ziel doch noch erreicht werden? ▪ Was muss als Sofortmaßnahme getan werden? ▪ Was soll langfristig geändert/beachtet werden?
Lösungsmöglichkeiten	▪ Wie sieht die positive Lösung aus? ▪ Welche Auswirkungen hat sie? ▪ Wer leistet Widerstände? ▪ Mit welchen Schwierigkeiten ist zu rechnen?
Im Unternehmen bekannte Strategien bei ähnlichen Problemstellungen	▪ Wann sind ähnliche Probleme schon einmal aufgetreten? ▪ Wie wurde damit umgegangen? ▪ Wie wurden sie gelöst? ▪ Wer waren damals die Ansprechpartner bzw. Kontaktpersonen?
Ihre Entscheidung und die Meinung des Mitarbeiters	▪ Welche Entscheidung können Sie sofort treffen? ▪ Muss die Unternehmensleitung informiert werden und wenn ja, wie? ▪ Wer muss noch informiert werden? ▪ Welche Ideen des Mitarbeiters können unmittelbar zur Zielerreichung führen? ▪ Wie wurde die Meinung des Mitarbeiters bisher einbezogen?

Ihr gemeinsamer Aktionsplan	▪ Was unternehmen wir sofort? ▪ Welche Aktion starten wir mittelfristig? ▪ Wer unternimmt was?

Praxistipps

Achten Sie als Führungskraft auf Ihre Stressmuster. Werden Sie bei Problemen und Schwierigkeiten eher ruhig oder versuchen Sie, schnell Lösungen zu finden?

- Versuchen Sie trotz des Drucks von außen die Ruhe zu bewahren. Das ist zwar leichter gesagt als getan, Sie sollten sich aber trotzdem eine kurze Auszeit nehmen, um Entscheidungen zu treffen.
- Balancieren Sie Ihre Risikobereitschaft mit Ihrem Informationsbedürfnis aus – denn: Jede Entscheidung birgt ein Risiko.
- Vernunft und Intuition sind gleich wichtig. Ihre Intuition hat sich aus all Ihren Erfahrungen aus frühen Erlebnissen und Entscheidungen entwickelt. Die Intuition wirkt im Bereich des Unterbewussten.
- Geht es um schnelle Entscheidungen mit sichtbaren Folgen, so ist eine Bauchentscheidung eher angesagt.
- Treffen Sie strategische, langfristige Entscheidungen, so sollten sowohl Bauch als auch Kopf Ja sagen.

Zielerreichung: Kontrolle ist wichtig!

Test: Setzen Sie auf Selbst- oder Fremdkontrolle?

Übung 34

7 min

Füllen Sie folgenden Test aus: Welche Aussage passt zu Ihnen? Kreuzen Sie das jeweilige Kästchen an (A = trifft zu, B = trifft nicht zu). Zählen Sie zum Schluss zusammen, wie oft Sie mit A und mit B geantwortet haben.

Aussage	A	B
Ich kenne die Arbeitsinhalte meiner Mitarbeiter detailliert.		
Mir ist es wichtig zu wissen, ob meine Mitarbeiter Fehler machen.		
Ich kontrolliere die Ergebnisse, um Fehler zu entdecken.		
Mir ist es wichtig, den langfristigen Erfolg zu sichern. Ursachen von Fehlern und Schuldige suche ich nicht.		
Als Führungskraft bin ich die Kontrollinstanz. Ich passe auf, dass alles in der Abteilung rund läuft.		
Meinen Führungsschwerpunkt sehe ich darin, den Mitarbeitern als Berater zur Seite zu stehen und sie aktiv zu coachen.		
Vertrauen ist gut, Kontrolle ist aber immer besser.		
Eigenverantwortliches Handeln ist nicht notwendig für meine Mitarbeiter.		
Ich kontrolliere häufig Mitarbeiteraufgaben und -ziele.		
Ich prüfe sporadisch die Arbeiten meiner Mitarbeiter.		
Ich kontrolliere lieber Schwerpunkte und Meilensteine.		
Die Verantwortung für die Arbeitsergebnisse trage ich als Führungskraft.		

Aussage	A	B
Häufiges Prüfen reduziert die Fehlerquote.		
Ich habe die Befürchtung, dass meinen Mitarbeitern Fehler unterlaufen, die ich zu verantworten habe.		
Summe		

Lösungstipps

Beantworten Sie die Fragen ein zweites Mal. Richten Sie hierbei Ihre Aufmerksamkeit auf folgende Gesichtspunkte:

- Wie schaffe ich es, Schäden beim Arbeitsablauf zu vermeiden?
- Wodurch sichere ich nachhaltige Ergebnisse?
- Welche Kontrolle wirkt auf mich motivierend?
- Wie viel Zeit beansprucht die Kontrolle im täglichen Arbeitsablauf?

Lösung

Überwiegen die A- oder B-Antworten bei Ihnen? Wenn Ihre Antworten mehr im A-Bereich liegen, präferieren Sie die Fremdkontrolle. Haben Sie öfter die B-Antwort gewählt, so bevorzugen Sie eher die Selbstkontrolle.

Kontrolle ist notwendig und wichtig! Als Führungskraft ist es Ihre Aufgabe und Pflicht sicherzustellen, dass Ihre Mitarbeiter Arbeitsergebnisse abliefern, die gewissen Standards oder bestimmten vereinbarten Anforderungen entsprechen, darunter etwa Qualität und Quantität sowie Kosten und Zeit.

Üben Sie mehr Fremdkontrolle auf Ihre Mitarbeiter aus, so wirkt das auf diese eher negativ. Bei ihnen könnte der Eindruck entstehen, dass Sie ihnen misstrauen und sie bevormunden wollen.

Verwenden Sie die Selbstkontrolle als Führungsinstrument, so ist Ihr Vertrauensvorschuss in die Mitarbeiter größer. Es gehört Mut dazu, die Mitarbeiter so zu fordern und zu fördern, dass sie Verantwortung für ihr Tun übernehmen.

Definieren Sie mit den Mitarbeitern Kriterien, nach denen sie selbstständig überprüfen können, wie nahe sie an der Zielerreichung sind. Als Führungskraft sollten Sie selbst nur in großen Abständen die wichtigsten Ergebnisse prüfen.

> Wie Sie im Spannungsdreieck Verantwortung – Kontrolle – Vertrauen agieren und führen, hängt von Ihrer persönlichen Einstellung und Ihren Mitarbeitern ab.

Leistung anerkennen und Potenziale fördern

Auch Loben will gelernt sein — Übung 35, 5 min

Im Führungsseminar hat Herr Bosse gelernt, wie wichtig es ist, die Leistungen von Mitarbeitern anzuerkennen. Nun will er seine Mitarbeiter öfter loben. Wirken seine Aussagen authentisch? Wie sehr fördert er damit seine Mitarbeiter?

»Toll, Frau Rot, wie Sie das immer hinbekommen.«

	+++	++	+	-	--	---
Authentizität						
Potenzialförderung						

»Hut ab, wie Ihnen das immer gelingt, Herr Grünwald, den Kunden so zu überzeugen. Sie ziehen ihn ja richtig über den Tisch – weiter so!«

	+++	++	+	-	--	---
Authentizität						
Potenzialförderung						

Lösung

- **Authentizität:** Beide Äußerungen wirken nicht authentisch. Herr Bosse sollte Vorsicht walten lassen, wenn er sein Verhalten direkt nach einem Seminar ändert. Das wirkt leicht aufgesetzt und antrainiert. Die Mitarbeiter spüren, dass das neue Verhalten nicht authentisch ist, und seine Glaubwürdigkeit als Führungskraft leidet darunter.
- **Potenzialförderung:** Mitarbeiterpotenzial lässt sich nur dann fördern, wenn eine kontinuierliche Einschätzung erfolgt. Transparenz und Nachvollziehbarkeit sind dafür notwendig. Beides ist in Herrn Bosses Aussagen nicht beobachtbar.

Praxistipps

- Eine grundsätzlich anerkennende Haltung ist eingebettet in eine Unternehmenskultur der Wertschätzung. Beachtung, Aufmerksamkeit und Respekt sind essenzielle Faktoren für die authentische Anerkennung.
- Es gilt, Anerkennung begründet und nachvollziehbar für den Mitarbeiter zu kommunizieren. Klären Sie für sich die Frage: »Worin lag der Beitrag des Mitarbeiters zum erfolgreichen Ergebnis?«
- Superlative und Übertreibungen sind die Sprache von Werbeslogans – hüten Sie sich vor plakativen Äußerungen. Sie machen sich damit unglaubwürdig.

Konflikte managen

In diesem Kapitel lernen Sie,

- wie Sie Konfliktsituationen erkennen und einschätzen,
- wie Sie Ihren eigenen Konfliktstil identifizieren,
- was Sie bei Konfliktsituationen beachten sollten,
- wie Sie Konfliktgespräche konstruktiv führen können.

Darum geht es in der Praxis

Konflikte sind überall dort normale »Begleiterscheinungen«, wo Menschen zusammenkommen. Sie gehören daher auch zum Unternehmensalltag. Auf Dauer gelingt es niemandem, sich Konflikten zu entziehen – am allerwenigsten Führungskräften. Das Problem ist nicht, dass es Konflikte gibt, sondern die Art und Weise, wie wir mit ihnen umgehen. Denn: Die Art und Weise, wie Konflikte ausgetragen werden, beeinflusst die Stimmung und Motivation der Mitarbeiter entscheidend.

Auch wenn nicht alle Konflikte gelöst werden, können sie bereichernd sein und neue Möglichkeiten eröffnen. Solange Mitarbeiter sich mit Konflikten auseinandersetzen, sind sie noch engagiert. Viel schlimmer ist es, wenn Konflikte unter den Teppich gekehrt werden und bei den Beteiligten zur inneren Kündigung führen.

Konflikte sind das Salz in der Suppe und schaffen die Basis für Klärung, Veränderung und Entwicklung. Sie zu erkennen, anzugehen und selbstbewusst zu klären, ist eine Schlüsselkompetenz von Führungskräften. Es ist zwar nahezu unmöglich, in Konflikten immer alles richtig zu machen. Sicher ist aber: Nichts zu tun ist stets das Falsche.

Konflikte erkennen und handeln

Die Sinne schärfen für Konflikte

Übung 36
10 min

Ein Gespräch unter Kollegen: »Die Kollegen der Einkaufsabteilung haben mich über die jüngste Preiserhöhung unseres Hauptlieferanten viel zu spät informiert, obwohl sie wussten, welche Auswirkungen das auf unsere Abteilung hat«, beschwert sich Peter Bosse bei seinem Abteilungsleiterkollegen.

»Und Fredi Grünwald verschwindet abends überpünktlich. Er hat mindestens vier Krankheitstage im Monat. Zu allem Überfluss ist die Stimmung in der Abteilung auf dem Tiefpunkt angekommen. Seit Jürgen Blaubart zum stellvertretenden Abteilungsleiter befördert wurde, reden die anderen nicht mehr mit ihm. Wenn er das Büro betritt, verstummen die Gespräche.« – »Ich habe ganz andere Probleme«, erwidert sein Kollege »Der Buchhalter hat gekündigt. Das ist die vierte Kündigung in meiner Abteilung in diesem Quartal! Ich kann doch nicht nur noch Bewerbungsgespräche führen.«

Welche Anzeichen deuten hier auf sich entwickelnde oder bereits bestehende Konflikte hin?

Lösungstipp

Jeder Konflikt beginnt mit einem Problem. Meist werden Konflikte zunächst verdeckt und für andere kaum wahrnehmbar ausgetragen.

Lösung

- **Kommunikationslosigkeit:** Sowohl die Kommunikation zur Einkaufsabteilung als auch die zwischen den Mitarbeitern lässt zu wünschen übrig. Die Folge: Wichtige Hintergründe, Zusammenhänge und Entwicklungen bleiben verborgen. Das kann zu Fehlern führen und bietet einen idealen Nährboden für Gerüchte.
- **Dienst nach Vorschrift und innere Kündigung:** Fredi Grünwald hat offensichtlich das Interesse an seiner Arbeit verloren. Ungelöste Konflikte führen häufig zu Desinteresse und Unzufriedenheit. Hier ist die Wahrscheinlichkeit groß, dass ein Konflikt Ursache des Verhaltens ist.
- **Intrigen und Machtspiele:** Das Verhältnis zur Einkaufsabteilung könnte auf Machtspiele zurückzuführen sein. »Denen zeigen wir, dass sie auch Fehler machen!« Die Situation zwischen Jürgen Blaubart und seinen Kollegen deutet darauf hin, dass hier eher gegeneinander als miteinander gearbeitet wird. Gemeinsam ist beiden Situationen, dass versucht wird, sich auf Kosten der Kollegen zu profilieren.
- **Starke Fluktuation:** Häufige Zu- und Abgänge deuten auf ein latentes Konfliktpotenzial in der Abteilung hin. Der ständige Wechsel verhindert, dass eine vertrauensvolle Arbeitsbeziehung entsteht.

Den eigenen Anteil erkennen

Übung 37
10 min

Wenn Sie Konflikte konstruktiv lösen wollen, sollten Sie sich zuerst Ihren Eigenanteil klarmachen. Schätzen Sie sich ein (trifft voll zu = 3, manchmal = 2, selten = 1, nie = 0):

Einstellung Konfliktverhalten	3	2	1	0
Sachlich lassen sich alle Probleme lösen.				
Wichtig ist vor allem, seine eigene Meinung zu vertreten.				
Ich kontrolliere andere gern.				
Ich habe nur sehr selten einen Konflikt mit anderen.				
Konflikte enden mit Gewinnern und Verlierern.				
Subjektive Wertungen behindern die Konfliktlösung.				
Man sollte in einem Konflikt mehr reden als fragen.				
Emotionen können eine Konfliktlösung behindern.				
Im Konflikt lege ich meine Position nicht offen.				

Lösung

Wenn Sie vorwiegend »trifft voll zu« oder »trifft manchmal zu« angekreuzt haben, sollten Sie ihre Konflikthaltungen selbstkritisch prüfen. Sie werden durch die Veränderung einiger Einstellungen mehr Akzeptanz als Führungskraft erfahren.

Mit persönlichen Konflikten umgehen

Übung 38

7 min

Auf der letzten Messe entdeckte der Einkaufsleiter, Herr Müller, ein neuartiges Material für die Lärm- und Wärmeisolierung von Altbauten. Das Material ist günstiger als herkömmliche Stoffe und dabei leichter zu verarbeiten. Begeistert präsentiert er es in der wöchentlichen Abteilungsleiterrunde. Herr Müller schlägt vor, das Material ins Angebotsprogramm aufzunehmen. Doch Peter Bosse lehnt das Produkt mit einer lapidaren Bemerkung ab: »Das Produkt ist komplett unbekannt. Das kauft niemand.« Der Marktleiter lässt sich von Peter Bosse überzeugen und verweigert die Beschaffung. In den folgenden Wochen vermeidet Herr Müller jeden Kontakt zu Peter Bosse und macht ihm das Leben schwer, wo er nur kann.

Die unterschiedlichen Interessen von Peter Bosse und Herrn Müller prallen hier in einem typischen Interessenkonflikt aufeinander. Schnell überträgt sich der Konflikt auch auf die Beziehung zwischen den beiden.

- Wie wurde hier aus einem Interessen- ein Beziehungskonflikt?
- Welche Strategien kann Peter Bosse verfolgen?

Lösung

Wenn ein Konflikt die sachliche Ebene verlässt und persönlich genommen wird, kommt es (meist unbewusst) zu Beziehungsproblemen zwischen den Konfliktparteien. Das ist hier passiert: Herr Müller hat die »Niederlage« persönlich genommen. Folgende Strategien sind denkbar:

- Peter Bosse verständigt sich auf bestimmte Spielregeln im Kontakt mit Herrn Müller.
- Er zieht einen »Unparteiischen« hinzu, der die beiden bei der Konfliktklärung unterstützt.
- Er reduziert den Kontakt mit Herrn Müller auf das Nötigste.
- Letzter Ausweg aus diesem Beziehungskonflikt: Trennung durch Versetzung oder Kündigung.

Praxistipps

Die Schwierigkeit bei Beziehungskonflikten: Sie existieren oft weiter, auch wenn die Sache selbst schon längst geklärt ist, und sind deutlich schwerer zu lösen als Interessenkonflikte. Deshalb sollten Sie darauf achten, bei Interessenkonflikten möglichst früh einzugreifen und Lösungen zu suchen, bevor der Konflikt sich auf die Beziehung ausweitet. Das Wesen von Beziehungskonflikten ist, dass es um die Persönlichkeit der Beteiligten geht. Die wenigsten Menschen sind jedoch bereit und fähig, ihre Persönlichkeit wegen eines Konfliktes zu verändern. Verzichten Sie deshalb auf die Forderung: »Wenn sich der andere ändert, ist der Konflikt beigelegt.«

Ihren Konfliktstil analysieren

Das eigene Konfliktverhalten erkennen

Übung 39

15 min

Um Konflikte konstruktiv lösen zu können, sollten Sie Ihr eigenes Konfliktverhalten und Ihre Erfahrungen aus vergangenen Konflikten analysieren. So können Sie den »Konfliktautomatismus« beim nächsten Mal durchbrechen.

Konflikthaltungen		
Wenn ich an meinen letzten Konflikt zurückdenke: Welche positiven und negativen Erfahrungen sind noch präsent? …		
In Konflikten dominieren bei mir selbst folgende Gefühle: … …		
Ich sehe Konflikte eher		
☐ als Chance	☐ als Risiko.	
Konflikte versuche ich möglichst		
☐ zu vermeiden	☐ schnell zu klären.	
Besonders unangenehm ist für mich in einem Konflikt: …		
Meine Bereitschaft, Kompromisse einzugehen, ist		
☐ groß	☐ mittel	☐ klein.
Kritik anzunehmen, fällt mir eher		
☐ leicht	☐ mittel	☐ schwer.
In Konfliktsituationen bin ich eher		
☐ passiv	☐ aktiv.	

Konflikthaltungen
Meine positivste Erfahrung in einem Konflikt: …
Meine schlimmste Erfahrung in einem Konflikt: …
In einem Konflikt sachlich zu bleiben, gelingt mir ☐ stets ☐ manchmal ☐ selten ☐ nie.
Bei anderen stört mich in einem Konflikt am meisten die folgende Verhaltensweise: … …
An mir selbst stört mich in einem Konflikt am meisten die folgende Verhaltensweise: … …
Welche Erkenntnis ziehe ich für mich aus vergangenen Konflikten? …

Praxistipps

Hilfreiche Haltungen im Konfliktfall sind:

- offen und direkt mit den Beteiligten zu reden.
- eigene Gefühle und Bedürfnisse mitzuteilen.
- die eigene Wahrnehmung und das eigene Erleben zu schildern.
- offene Rückfragen zum besseren Verständnis zu stellen.
- gemeinsame Interessen herauszufinden und zu betonen.
- Lösungen zu suchen, nicht Schuldige und Fehler.

- die eigenen Anteile am Konflikt zu zeigen.
- in der Gegenwart und beim konkreten Fall zu bleiben.
- Vorschläge anderer aufzugreifen und weiterzuentwickeln.
- zu überzeugen, statt Druck auszuüben.
- bereit zu sein, die eigene Position zu überdenken.
- für Argumente offen zu bleiben, statt sich zu früh festzulegen.
- eine »Win-win-Lösung« anzustreben: »Jeder soll gewinnen«, nicht: »Nur einer kann gewinnen«.
- zukunftsorientiert Lösungen zu suchen, statt auf Vergangenem herumzureiten.

Konfliktgespräche konstruktiv führen

Konflikte fair moderieren

Übung 40
15 min

Rosi Rot und Fredi Grünwald vertreten sich gegenseitig bei Abwesenheit des jeweils anderen. Fredi Grünwald hat mit seiner Frau zum zehnten Hochzeitstag eine Kreuzfahrt während der Osterferien gebucht. Rosi Rot möchte zur gleichen Zeit an einer großen Familienfeier in Süditalien anlässlich des 90. Geburtstags ihrer Großmutter teilnehmen. Jeder der beiden will »Recht« bekommen und wendet sich an Peter Bosse. Dieser bemüht sich um eine Lösung im Gespräch mit den beiden. Dabei macht er einige Fehler. Formulieren Sie folgende Aussagen mündlich um:

1. Das Thema nicht bagatellisieren und sich Zeit für die Lösung nehmen.

   Also nicht: »Das werden Sie schon irgendwie hinkriegen, es geht ja nur um den Urlaub.«

   Sondern: ...

2. Keinesfalls Partei für eine Seite ergreifen.

   Also nicht: »Herr Grünwald hat schon vor langer Zeit gebucht. Und Ihre Großmutter hat nächstes Jahr schließlich auch wieder Geburtstag, Frau Rot.«

   Sondern: ...

3. Keinen Druck auf die Beteiligten ausüben.

   Also nicht: »Sie beide klären das Thema bis morgen, sonst bekommt keiner von Ihnen Urlaub.«

   Sondern: ...

4. Die Kommunikation der Konfliktpartner steuern: Die Beteiligten sollten miteinander in Kontakt treten, die Kommunikation nicht über den Moderator erfolgen.

   Also nicht: »Herr Grünwald, Ihre Argumente kann ich gut verstehen. Erklären Sie mir, was diese Reise für Sie bedeutet.«

   Sondern: ...

5. Gefühle, Bedrohungen und Angriffe ernst nehmen, aufgreifen und moderieren.

   Also nicht: »Frau Rot, Sie brauchen jetzt nicht auf die Tränendrüse zu drücken. Das wirkt bei mir nicht.«

   Sondern: ...

6. Positionen und Forderungen der Beteiligten in Wünsche und Interessen umformulieren.

   Also nicht: »Wenn Sie beide darauf beharren, dass jeder von Ihnen den Urlaub bekommt, muss ich die Entscheidung treffen.«

   Sondern: ...

7. Die Beteiligten auffordern, an einer Klärung mitzuwirken, die für alle Seiten akzeptabel ist.

   Also nicht: »Sie müssen beide endlich einsehen, dass diese Streiterei keinen Sinn hat. Ich werde deshalb die Angelegenheit allein entscheiden.«

   Sondern: ...

Lösung

1. »Mir ist wichtig, dass wir hier ein akzeptables Ergebnis erzielen. Lassen Sie uns das Thema in Ruhe besprechen.«
2. »Beide Anliegen kann ich gut nachvollziehen. Gerade deshalb möchte ich nicht allein entscheiden, wer nun Urlaub bekommt. Um zu einer Lösung zu kommen, bitte ich Sie beide, Ihre Anliegen noch einmal darzustellen.«
3. »Wir alle drei haben Interessen in dieser Sache. Lassen Sie uns in Ruhe die einzelnen Punkte besprechen und mögliche Lösungen diskutieren.«
4. »Frau Rot, wie sind die Argumente von Herrn Grünwald bei Ihnen angekommen? Und teilen Sie Herrn Grünwald bitte mit, welche Punkte Ihnen in dieser Angelegenheit besonders wichtig sind.«
5. »Das Ganze nimmt Sie offenbar sehr mit, Frau Rot. Schildern Sie mir bitte, was genau Sie belastet.«

6. »Frau Rot, hinter Ihrem Urlaubsgesuch verbirgt sich sicher der Wunsch, mit Ihrer Großmutter noch einmal zu feiern und Ihre ganze Familie zu treffen. Stimmt das?«
7. »Ich bitte Sie jetzt beide zu überlegen, welche Lösung für uns alle tragbar sein könnte. Danach werden wir uns über Ihre Vorschläge unterhalten.«

Praxistipps: Leitfaden Konfliktmoderation

Phase 1: Konfliktklärung	
Standpunkte und Interessen klären	Jeder Konfliktpartner erläutert seinen Standpunkt. Wichtig in dieser Phase: keine Diskussion. Die Betroffenen schildern ihre Anliegen und die persönliche Bedeutung.
Gemeinsame Ziele erarbeiten	Gemeinsame Ziele und Interessen in diesem Konflikt erarbeiten.
Verhandlungsthemen definieren	Die unterschiedlichen Interessen und Ziele definieren und für die nächste Phase zur Verhandlung stellen.
Phase 2: Lösungssuche	
Lösungsvorschläge sammeln	Möglichst viele Lösungen für die unterschiedlichen Interessen sammeln, ohne sie zu bewerten.
Lösungsvorschläge auswählen	Kriterien definieren nach dem Maßstab: Welche Lösung verwirklicht die verschiedenen Interessen am besten?
Lösungsvorschläge beschließen	Die Beteiligten einigen sich auf eine Lösung.
Phase 3: Umsetzungsplanung	
Die Umsetzung planen	Wie erfolgt die genaue Umsetzung der Lösung? Wer macht was bis wann?

Sich auseinandersetzen – aber richtig!

Übung 41

10 min

Das vergangene Geschäftsjahr war ein voller Erfolg, forderte aber auch Peter Bosses vollen Einsatz. Neben der Einarbeitung in die neue Position stemmte er mit seinem Team mehrere Projekte und stellte das Produktsortiment erfolgreich um. Jetzt ist er schwer enttäuscht. Ein Abteilungsleiterkollege schmückte sich bei der letzten Versammlung mit den hervorragenden Verkaufszahlen der Baustoffsparte. Dabei»vergaß« er ganz, Peter Bosse zu erwähnen, der durch seinen Einsatz maßgeblich für den Erfolg verantwortlich ist.

Direkt im Anschluss an die Versammlung geht Peter Bosse zu seinem Kollegen, der sich gerade im Gespräch befindet: »Ich muss dringend mit Ihnen sprechen. Sie hätten ruhig erwähnen können, dass vor allem meine Abteilung für den Erfolg der Baustoffsparte verantwortlich ist. Dafür haben wir ganz schön geschuftet. Ihnen geht es nur um das eigene Ansehen vor der Geschäftsleitung. Sie werden schon sehen, wohin das führt.«

Vier Fehler sind Peter Bosse in diesem Konfliktgespräch unterlaufen. Welche?

Lösung

Fehler	Besser
Unvorbereitet, spontan und vor anderen	Vorbereitet, unter vier Augen und vorher einmal darüber geschlafen
Du-Botschaften (»Sie hätten …«, »Ihnen geht es …«)	Ich-Botschaften: Aussagen über das eigene Erleben und den eigenen Ärger
Unterstellung (»Ihnen geht es nur um das eigene Ansehen …«)	Eigene Wünsche und Erwartungen: »Mir ist es wichtig, dass die Leistung meiner Abteilung gesehen wird.«
Drohung, Angriff, Vorwurf (»Sie werden schon sehen …«)	Wertschätzung gegenüber der Gegenpartei und eine lösungsorientierte Grundhaltung durch Fragen und Zuhören: »Wie sehen Sie das?«

Praxistipp

Gerade in Konfliktgesprächen ist es wichtig, den roten Faden nicht zu verlieren. Gehen Sie deshalb strukturiert vor und achten Sie darauf, nicht auf »Nebenschauplätze« auszuweichen.

Stichwortverzeichnis

Impressum

Bibliografische Information der Deutschen Nationalbibliothek
Die Deutsche Nationalbibliothek verzeichnet diese Publikation in der Deutschen Nationalbibliografie; detaillierte bibliografische Daten sind im Internet über http://www.dnb.dnb.de abrufbar.

Print:	ISBN: 978-3-648-18013-6	Bestell-Nr.: 00328-0007
ePub:	ISBN: 978-3-648-18014-3	Bestell-Nr.: 00328-0104
ePDF:	ISBN: 978-3-648-18015-0	Bestell-Nr.: 00328-0156

Thomas Daigeler, Franz Hölzl, Nadja Raslan
Führungstechniken
7. Auflage 2024

www.haufe.de
info@haufe.de

Produktmanagement: Jürgen Fischer
Bildnachweis (Cover): pixelfit / iStock.com

Die Autoren

Thomas Daigeler

arbeitet seit 1986 als Personalentwickler, Berater und Trainer. Schwerpunkte seiner Tätigkeit sind Führungskräfteentwicklung, Mitarbeiter-Jahresgespräche, Teamarbeit, Konfliktmanagement und Moderation. Er ist Gesellschafter der IOS-Organisationsberatung in München und Senior-Berater der Haufe Akademie in Freiburg.

E-Mail-Kontakt: t.daigeler@ios-muenchen.de

Von Thomas Daigeler stammt der erste Teil dieses Buches.

Franz Hölzl

ist Führungskräftetrainer und Coach. Er begleitet Unternehmen, Organisationen und Teams in den Bereichen Führungskräfteentwicklung, Teamarbeit und Kommunikation. In seine Trainings fließen Erkenntnisse und Methoden aus seiner zweiten beruflichen Leidenschaft, dem Bergsport, mit ein. Franz Hölzl ist Mitglied im Team der Haufe-Akademie Führungstrainer. Internet: www.bergundfuehrung.de

Nadja Raslan

gründete vor 20 Jahren Raslantraining – SystemischePersonal-Entwicklung. Ihre Schwerpunkte liegen in den Bereichen Führung, Kommunikation und Potenzialanalyse. Sie ist Lehrtrainerin für Systemische Coaches und Berater in München und Berlin. Internet: www.raslantraining.de

Von Franz Hölzl und Nadja Raslan stammt der zweite Teil dieses Buches.

Weitere Literatur

Führen in der Sandwichposition, von Silke Weigang und Joachim Wöhrle, 245 Seiten, EUR 11,95.
ISBN 978-3-648-14000-0, Bestell-Nr. 10704

Teams führen, von Rainer Niermeyer, 227 Seiten, EUR 29,95.
ISBN 978-3-648-12997-5, Bestell-Nr. 01312

Führen live – 30 Praxisfälle in der Analyse, von Thomas Saller, Johannes Sattler, Ben MacKenzie, 379 Seiten, EUR 29,95.
ISBN 978-3-648-04988-4, Bestell-Nr. 00399

Wir sind Chef – Wie eine unsichtbare Revolution Unternehmen verändert, von Hermann Arnold, 336 Seiten, EUR 24,95.
ISBN 978-3-648-08205-8, Bestell-Nr. 10159

Praxishandbuch Mitarbeiterführung – Grundlagen, Führungstechniken, Gesprächsleitfäden, von Michael Lorenz und Uta Rohrschneider, inkl. Arbeitshilfen online, 328 Seiten, EUR 39,95.
ISBN 978-3-648-15970-5, Bestell-Nr. 04050

Digital Leader Gamebook – Erfolgreich führen im digitalen Zeitalter, von Michael Groß, 328 Seiten, EUR 39,95.
ISBN 978-3-648-12124-5, Bestell-Nr. 10291

Digital Leadership – Erfolgreiches Führen in Zeiten der Digital Economy, von Thorsten Petry (Hrsg.), 471 Seiten, EUR 54,95.
ISBN 978-3-648-13301-9, Bestell-Nr. 10136